AF577879

Leo Keller

Impressum

Einbandgestaltung: Frank Zähringer unter Verwendung von Fotos aus dem Archiv des Herstellers.

Bildnachweis: Sofern Bilder nicht aus dem Archiv des Herstellers stammen, befinden sich die Bildquellen unter den jeweiligen Abbildungen; die Rechte an den Bildern verbleiben bei den Urhebern.

ISBN: 978-3-613-04271-1

1. Auflage 2020

Sie finden uns im Internet unter **www.motorbuch-verlag.de**

Lektorat: Joachim Kuch / Joachim Köster
Innengestaltung: Markus Köllmann, tebitron gmbh, Gerlingen
Druck und Bindung: Conzella Verlagsbuchbinderei, 85609 Aschheim-Dornach

Printed in Germany

KTM

MOTORRÄDER SEIT 1953

Leo Keller

VORWORT

Als 1953 in Mattighofen das erste KTM-Motorrad eher aus der Not geboren gebaut wurde, konnte niemand ahnen, dass der oberösterreichische Betrieb im Innviertel einmal der größte europäische Motorradhersteller und Weltmarktführer bei den Offroad-Bikes sein würde.

Dabei ist die Geschichte von KTM geprägt von Höhen und Tiefen. Schon Ende der 1950er Jahre wurde der noch junge Motorradhersteller von der Krise auf dem europäischen Motorradmarkt erfasst und musste gravierende Absatzeinbrüche hinnehmen, was letztlich zur Einstellung der Motorradproduktion nach gerade einmal acht Jahren führte. Aber anders als viele deutsche Hersteller flüchtete sich KTM nicht in die Produktion eines der vielen skurrilen Kleinstwagen vom Schlage eines Fuldamobils, eines Kabinenrollers oder eines Wägelchens, wie es Zündapp etwa mit dem Janus tat, bei dem die Passagiere Rücken an Rücken saßen, sondern konzentrierte sich auf Mopeds und Kleinkrafträder mit 50 cm³, die bereits von 16-jährigen gefahren werden durften. Das Unternehmen eröffnete sich damit einen neuen Markt, während das Vierrad-Abenteuer viele der deutschen Hersteller auf direktem Wege in den Konkurs geführt hatte.

1968 gab es nach der »R 100« von 1953 ein weiteres Motorrad, das man rückblickend als einen Meilenstein in der KTM-Geschichte ansehen muss – die »Penton Six Day«. John Penton, ein Motorradhändler aus Amherst / Ohio war auf der Suche nach einem Hersteller, der leichte Geländemaschinen für den amerikanischen Markt nach seinen Vorstellungen baute. Diese »Penton Six Day« brachte den Stein ins Rollen – KTM begann mit der Serienfertigung von Offroad-Maschinen und ist hier nun schon seit vielen Jahren der Marktführer.

Zwei Jahrzehnte später geriet KTM in schweres Fahrwasser. Kaufmännische Fehlentscheidungen der damaligen Geschäftsführung hatten den Schuldenberg 1989 auf 35 Millionen Euro anwachsen lassen und die damaligen Eigentümer sahen die Motorradfertigung nur als Klotz am Bein an – im Dezember 1991 musste KTM Konkurs anmelden.

1992 startete die Motorradsparte als »KTM Sportmotorcycle GmbH« neu. Basis des Neustarts war das »Hard Enduro«-Konzept um den hochmodernen »LC 4«-Viertaktmotor. Nur zwei Jahre später gab es einen weiteren Meilenstein: mit der »620 Duke« war zum ersten Mal wieder ein reinrassiges Straßenmotorrad im Programm. Obwohl KTM bis heute Offroadmaschinen für Wettbewerb und Hobby baut, liegt der Schwerpunkt nun im Bereich der Travel- und Naked-Bikes für den überwiegenden Einsatz auf Asphalt.

Trotz dieser Erfolgsgeschichte ist Literatur über die österreichische Marke dünn gesät. Umso motivierender war für mich der Zuspruch von Alex Pierer und Kristina Kuttruf von der KTM Motohall, dieses Buch in Angriff zu nehmen. Eine große Hilfe war auch Ingrid Erlinger, die mir seltenes Bildmaterial zur Verfügung stellte.

Leo Keller
Köln, im Mai 2020

▲ *KTM dominiert seit zwei Jahrzehnten den Rally-Sport. (Foto: RallyZone)*

INHALTSVERZEICHNIS

EINFÜHRUNG: VON DER KFZ-WERKSTATT ZUM MOTORRADBAU

Als der Mattighofener Bürgermeister Friedrich Schwarzenhofer bei der Eröffnung der KTM Motohall im Mai 2019 dem Vorstandsvorsitzenden der KTM AG Stefan Pierer symbolisch das Straßenschild mit der neuen Adresse »KTM Platz 1« übergab, geschah dies nicht einmal einen Steinwurf von der Keimzelle des Unternehmens entfernt. Vis-à-vis des Museumskomplexes waren 1953 im Mühlweg die ersten Motorräder gebaut worden.

Schon 1934 hatte der damals 25-jährige Hans Trunkenpolz, dessen Name bis heute für das »T« in KTM steht, in Mattighofen eine Schlosserwerkstatt eröffnet.

Eigentlich waren die Trunkenpolz eine alte Beamtenfamilie, deren Geschichte sich bis ins 16. Jahrhundert zurückverfolgen lässt. Im Zeitalter der Industrialisierung aber war Wenzel Trunkenpolz, Hans' Großvater, von der Mechanik so fasziniert, dass er sehr zum Unmut seiner Eltern das Gymnasium abbrach und statt einer Beamtenlaufbahn eine Schlosserlehre antrat. 1872 machte er sich dann als Hersteller für landwirtschaftliche Geräte selbständig: Die »Trunkenpolz Maschinen« in Altheim / Oberösterreich besteht als »Trumag« bis heute fort.

Hans Trunkenpolz wurde am 17. Januar 1909 geboren und machte zunächst eine Lehre als Autoschlosser in der Werkstatt seines Onkels. Das wird der Zeitpunkt gewesen sein, an dem Hans merkte, dass er Benzin im Blut hatte. Schon bald startete er bei Motorradrennen und wurde ein erfolgreicher Sandbahnfahrer. 1934 dann der Schritt in die Selbständigkeit – in der ehemaligen Gastwirtschaft »Zum Schwarzen Adler« in Mattighofen eröffnete er eine Reparaturwerkstatt für Motorräder und Autos. Seine beiden Meisterbriefe als Maschinen- und Autoschlosser erwarb Hans Trunkenpolz erst später quasi nebenher im laufenden Betrieb seiner Werkstatt.

Die Werkstatt florierte – was lag also näher als zusätzlich eine Vertretung für Neufahrzeuge zu übernehmen. Die Wahl fiel auf DKW. Der seinerzeit größte Motorradhersteller der Welt aus dem sächsischen Zschopau hatte sich die Rechte für die »Schnürle Umkehrspülung« gesichert und baute für damalige Verhältnisse hochmoderne und leistungsfähige Zweitaktmotoren. 1938 kam zu den Zweirädern noch eine Vertretung für Opel hinzu, Mitte der 1930 Jahre Europas größter Autobauer.

Fünf Personen standen bei Hans Trunkenpolz auf der Lohnliste. Nachdem kurz vor Ausbruch des Zweiten Weltkrieges noch ein neues Firmengebäude am Mattighofener Mühlweg 2 bezogen worden war, erhielt der Firmengründer die Einberufung zum Militär. Notgedrungen musste seine Frau Elisabeth den Betrieb bis Ende 1943 weiterführen, bis Hans Trunkenpolz vom Armeedienst freigestellt wurde, weil er für das Militär Lastwagen und Motoren reparieren sollte.

In der Not der Nachkriegszeit bestand zunächst ein ausgesprochen großer Bedarf an Lastwagen, um die Bevölkerung mit dem Nötigsten zu versorgen. Es standen jedoch nicht genügend fahrbereite LKW zur Verfügung, weil diese im Kriegseinsatz beschädigt worden waren. Wie in den Anfangsjahren lag der Schwerpunkt im Trunkenpolz'schen Betrieb nun wieder bei der Fahrzeugreparatur. Mit 35 Beschäftigten entwickelte sich der Betrieb rasch zu einer der größten Reparaturwerkstätten in Oberösterreich. Durch die Kriegsschäden bei den Fahrzeugherstellern war die Versorgung mit Ersatzteilen immer noch nicht in Schwung gekommen, so dass Trunkenpolz aus der Not eine Tugend machte und die am dringendsten benötigten Ersatzteile im eigenen Betrieb selbst anfertigte.

1948 wurde der Betrieb um eine Gesenkschmiede und eine Gießerei erweitert. Gleichzeitig spezialisierte sich Trunkenpolz auf die Serienfertigung von Kurbelwellenlagern. Das schaffte natürlich auch neue Arbeitsplätze. Seit Kriegsende hatte sich die Belegschaft auf 70 Mitarbeiter verdoppelt.

Dann jedoch zeichnete sich auch in Österreich das beginnende Wirtschaftswunder ab. Nicht zuletzt durch den Marshall-Plan kam die Industrie schnell wieder auf die Beine, allerdings mit der negativen Folge zumindest für Trunkenpolz, dass die Reparaturaufträge für die LKW immer weiter zurück gingen und nur noch die Ersatzteilfertigung Geld in die Kasse brachte. Da war es nur allzu verständlich, dass Trunkenpolz sich nach dem Wegfall der Einnahmen durch die Reparaturwerkstatt nach einem neuen zweiten Standbein umsehen musste. Der Wunsch der Bevölkerung nach einem eigenen motorisierten Untersatz kam da gerade recht.

▲ *Die Werkstatt von Hans Trunkenpolz am Mühlweg 2 (1938).*

Weil die wenigsten sich in dieser Zeit aber ein Auto leisten konnten, entschied sich Trunkenpolz dazu, ein leichtes Motorrad zu konstruieren. Erfahrungen mit Motorrädern hatte er in der Vorkriegszeit als DKW-Händler ja genug gesammelt. Die Eckpunkte waren schnell festgelegt – es sollte ein »richtiges Motorrad« mit Fußrasten werden, ohne den von den Motor-Fahrrädern her bekannten Pedalantrieb. Da bot sich der 98 Kubikzentimeter große Rotax-Motor mit Seilzugstarter geradezu an, der im nicht weit entfernten Gunskirchen gebaut wurde.

Als das Motorrad 1953 der Öffentlichkeit präsentiert wurde, tauchten auch erstmals die drei Buchstaben »KTM« auf, über deren ursprüngliche Bedeutung bis heute unterschiedliche Auslegungen bestehen.

Die Version »Kussin, Trunkenpolz und Moser« hat ihren Ursprung in der Geschäftsbeziehung von Hans Trunkenpolz zu Ernst Kussin, dem Verkaufsleiter der Halleiner Motorenwerke. Die beiden kannten sich vom Motorsport her und Kussin bahnte den Kontakt zum Motorenproduzenten Rotax an, dazu kam der Umstand, dass die Fa. Trunkenpolz sich aus rechtlichen Gründen noch eine Zeitlang »Moser & Co.« nennen musste. So wurde das erste KTM-Motorrad in der zeitgenössischen Presse oft auch als »Moser-KTM« bezeichnet. Aus den Initialen ergaben sich die heute legendären drei Buchstaben. In der »KTM Familien- und Firmenchronik« hingegen wird von »Kraftfahrzeuge Trunkenpolz Mattighofen« gesprochen. Eindeutig belegt ist die Bedeutung erst seit 1954, als Ernst Kronreif Gesellschafter wurde. Seitdem steht KTM für »Kronreif & Trunkenpolz, Mattighofen«.

TEIL 1: DIE ÄRA TRUNKENPOLZ

DIE ANFÄNGE 1953–1960

Die »R 100« entstand 1953. Das erste KTM-Motorrad war, um der Wahrheit die Ehre zu geben, keine epochale Maschine. Gewiss, sie war eine robuste Konstruktion, so wie sie von vielen Herstellern in der frühen Nachkriegszeit angeboten und gebaut wurde, um grundlegende Mobilitätsbedürfnisse zu befriedigen. Ein Schwingsattel ersetzte die Hinterradfederung, die ungedämpfte Telegabel federte zumindest die gröbsten Unebenheiten ab. Der 100 cm³-Motor war eine Sachs-Konstruktion und wurde von Rotax im benachbarten Gunskirchen in Lizenz gefertigt. In einem wesentlichen Punkt unterschied sich die KTM jedoch von vielen anderen Maschinen, die ebenfalls vom Sachs M 50-Motor angetrieben wurden. Die im Volksmund »Hermännchen« genannten Motorfahrräder wurden wie ein Fahrrad mittels Pedale in Bewegung gesetzt, um den Motor anzuwerfen. Die KTM-Ausführung hatte jedoch einen Seilzugstarter, ähnlich einem Motorrasenmäher. Dadurch konnte man auf die Fahrradpedale verzichten, stattdessen gab es feste Fußrasten wie bei den größeren Motorrädern, das machte optisch einen riesigen Unterschied aus. Und trotz aller Schlichtheit war diese österreichische 100er das erste Motorrad seiner Klasse, das schon 1953 mit Leichtmetall-Vollnabenbremsen ausgestattet war. Und wer sich etwas mehr Luxus leisten wollte, hatte bei der Edel-Variante (die korrekt »KTM R 100 Luxus« hieß) die Auswahl zwischen einer roten und blauen Lackierung oder einem Chromtank.

▲ *Dieses Logo war in den 1950er Jahren gebräuchlich.*

Obwohl Ernst Kronreif bereits im Gründungsjahr enge Kontakte zu KTM hatte, stieg er erst im folgenden Jahr 1954 als Gesellschafter bei KTM ein und übernahm 50 % der Anteile. Kronreif, Jahrgang 1920, war gelernter Kfz.-Mechaniker, betrieb aber nach Kriegsende zusammen mit seiner Frau Ida und seiner Tante Maria Hartmann, genannt »Lola«, einer begüterten Witwe, den heute noch von seinem Sohn geführten »Gasthof Hohlwegwirt« in der Nähe von Hallein. Kronreifs Leidenschaft, die er mit Hans Trunkenpolz teilte, gehörte aber dem Motorsport. Mit dem Einstieg von Ernst Kronreif erhielt KTM seine noch heute bekannte Bedeutung, nämlich »Kronreif & Trunkenpolz, Mattighofen«.

Noch nicht einmal 18 Monate nach der Premiere der Maschine auf der Wiener Frühjahrsmesse fiel ein erster Produktionsrekord: Im Herbst 1954 waren in den österreichischen Zeitungen Bilder einer mit Blumen und einem Siegerkranz geschmückten KTM zu sehen, die am Lenker eine Tafel mit der magischen Zahl »1000« trug. Das Jubiläumsmotorrad war eine »R 125 Tourist«, die Mattighofener freuten sich über Produktionszahlen im vierstelligen Bereich. Dabei darf man nicht ver-

◂ *Die KTM-Belegschaft der ersten Stunde (1953). In der Bildmitte mit Trachtenjanker Hans Trunkenpolz, links daneben im schwarzen Mantel der spätere Kompagnon Ernst Kronreif.*

▾ *R 100 Luxus, die nicht nur in einer roten Lackierung, sondern auch in Blau erhältlich war. (Foto: Heinz Mitterbauer)*

▲ *Die KTM-Gründerväter waren begeisterte Motorsportler: Am Zeitnehmertisch Ernst Kronreif (mit »Pitboard«), seine Tante Maria Hartmann und Hans Trunkenpolz. (Foto: Ernst Kronreif II privat)*

gessen, dass der Zweite Weltkrieg vor noch nicht einmal zehn Jahren beendet worden war und Österreich lange Spielball zwischen Ost und West gewesen war, also auch die Materiallage nicht ganz einfach gewesen war. Für viele Menschen gehörte ein Motorrad immer noch zu den Luxusgütern.

Doch die Kapazitäten des jungen Motorradwerks waren erschöpft – 20 Mitarbeiter bauten sechs Maschinen am Tag. Um die Motorradproduktion ausbauen zu können, verringerte KTM die Fertigungstiefe durch Aufgabe der Kurbelwellenlagerproduktion und verlegte die Bereiche Lackiererei und Montage in den Nachbarort Schalchen.

Dadurch konnte KTM nun ein hubraumstärkeres Modell ins Programm aufnehmen. Leistete die Hunderter noch drei PS, so waren es nun bei der neuen »KTM R 125« mit 6,1 PS schon mehr als doppelt so viel. Ein kluger Schachzug bestand darin, der Achtelliter-Maschine zusätzlich zur nüchternen Typenbezeichnung einen markanten Beinamen zu geben. »Tourist« passte da schon ganz gut zum Freizeitverhalten in den ersten Jahren des Wirtschaftswunders. So wurde das neue Modell denn auch im Verkaufsprospekt als »Motorrad für Beruf und Reise« mit einer Höchstgeschwindigkeit von »90 km/h Spitze« angepriesen.

▲ *Lackiererei und Montage in Schalchen im Jahre 1954.*

Nun war die »Tourist« nicht nur eine aufgebohrte »R 100«, sondern ein komplett neues Motorrad. Statt eines Starr-Rahmens federte nun auch das Heck der Maschine. Mit Schwinge, ölgedämpften Federbeinen und einem gepolsterten Sitz war die 125er richtig komfortabel. Für die entsprechende Handlichkeit sorgten die kleinen 16 Zoll-Räder mit breiten Reifen. Auch der Motor war komplett neu. Während das Aggregat der kleinen KTM mit Seilzugstarter und handgeschaltetem Zweigang-Getriebe noch eine Konstruktion aus den 1930er Jahren war, setzte KTM nun auf den modernen Fichtel & Sachs-Dreigang-Motor mit Fußschaltung und Kickstarter, der wie bereits der schwächere Motor von den österreichischen Rotax-Werken in Lizenz gebaut wurde.

Um die Leistungsfähigkeit und Zuverlässigkeit eines Motorrades in der Öffentlichkeit bekanntzumachen, waren in den 1950er Jahren Langstreckenfahrten sehr populär. Es gab damals noch kein ausgebautes Autobahnnetz, die Route führte überwiegend über Landstraßen und mitten durch Städte, auch KTM nutzte diese populäre Form des Marketings. Am 30. September 1954 standen daher drei 125er »Tourist« am Ortsrand von Paris. Ziel war Wien, immerhin fast 1300 Kilometer entfernt. Auch die Zeitvorgabe war für damalige Verhältnisse recht ambitioniert. Man wollte nicht langsamer sein als der »Arlberg-Express«, ein Zug, der für die gleiche Strecke 24 Stunden benötigte.

Was heute auf einer modernen KTM Adventure kein Problem ist, war Mitte der Fünfziger noch ein richtiges Abenteuer. Die drei Fahrer, darunter auch KTM-Chef Hans Trunkenpolz, mussten auf ihren serienmäßigen, kaum 100 km/h schnellen Maschinen bei widrigstem Herbstwetter richtig angasen. Die Straßen waren meist schlecht, die Sicht mies, und die schwachen 6 Volt-Scheinwerfer taugten eher als Positionslicht denn zur Ausleuchtung der Fahrbahn bei Nacht. Da mussten sich die Testfahrer oft an den Rücklichtern der Begleitfahrzeuge orientieren, um ihr Tempo halten zu können. Am nächsten Morgen kurz nach 10.00 Uhr war die Wiener Stadtgrenze erreicht. Ein gebrochenes Federbein an der Maschine des Firmenchefs war der einzige Defekt, der bei der Hatz aufgetreten war, ansonsten

▲ *Die R 125 Tourist war 1954 das zweite KTM-Modell. (Foto: Heinz Mitterbauer)*

mussten die drei Maschinen nur betankt werden. Damit hatten die neuen Achtelliter-Renner den »Arlberg-Express« um mehr als zwei Stunden unterboten – eine tolle Reklame für die neue KTM, denn ein Motorrad, das schneller als der Fern-Express von Paris nach Wien fährt, sollte auch normale Fahrer schnell und zuverlässig ins Wochenende oder in den Urlaub befördern können. Es musste ja nicht gleich eine Vollgas-Heizerei von Paris nach Wien sein. Die »Tourist« jedenfalls hatte alsbald ihren Ruf weg als schnelles und zuverlässiges Motorrad. Und diese Popularität machte sich auch in den Verkaufszahlen bemerkbar.

▲ *Vor dem Start in Paris: Ernst Kronreif, Hans Trunkenpolz, Paul Schwarz und Albert Brenter (v.l.). (Foto: Ernst Kronreif II)*

▲ *Die Grand Tourist erweiterte 1955 als drittes KTM-Modell die Modellpalette. Statt der Telegabel federte vorne nun eine Schwinggabel. (Foto: Heinz Mitterbauer)*

FRÜHE SPORTERFOLGE

Bisher hatte sich KTM ausschließlich in den verschiedenen Klassen für Serienmaschinen rennsportlich betätigt, aber für die Saison 1955 plante Trunkenpolz den Bau einer eigenen Rennmaschine. Dazu wurden zwei 125 cm^3-MV-Agusta-Production Racer gekauft, die Basis für die KTM-Rennmaschine sein sollten. Außerdem wurde als drittes Modell die »Grand Tourist« ins Programm aufgenommen. Der augenfälligste Unterschied zur bisherigen 125er bestand in der neuen Vordergabel, die von der 125 cm^3-Rennmaschine übernommen wurde. Statt einer Teleskopgabel wurde eine geschobene Langschwinge eingesetzt, nach ihrem Erfinder »Earles-Gabel« genannt.

Obwohl die Earles-Gabeln schon damals als technisch überholt galten und vornehmlich bei Motorrädern mit Seitenwagen Verwendung fanden, so gab es seinerzeit gewichtige Gründe für einen Umstieg von der Telegabel auf eine Earles-Schwinggabel. Die Teleskopgabeln jener Jahre dienten hauptsächlich der Vorderradführung und Federung. So waren sie alles andere als verwindungssteif und eine funktionierende Dämpfung suchte man auch vergeblich. Die Öl- oder Fettfüllung der Telegabeln diente lediglich zur Schmierung der aufeinander gleitenden Teile. Insofern machte eine Earles-Gabel damals aus technischer Sicht Sinn, konnte man dadurch doch auf hydraulisch gedämpfte Federbeine zurückgreifen, wie sie sich zur Hinterradfederung schon lange bewährt hatten. Analog zur gezogenen Hinterradschwinge stützte sich die nun geschobene Vorderschwinge über zwei ölgedämpfte Federbeine gegen die Gabelholme ab. Die technischen Nachteile wie das hohe Trägheitsmoment der schweren Rohrkonstruktion konnte man damals noch vernachlässigen. Dafür tauchten die Gabeln beim Bremsen nicht mehr ein, weil sich die Fahrzeugfront konstruktionsbedingt aufstellte, ohne aber die Federung zu verhärten. Dazu waren alle vier Federbeine der »Grand Tourist« gleich lang und konnten zur Überholung zerlegt werden, ein nicht zu unterschätzender Vorteil bei einem Defekt.

Mit der »Grand Tourist« waren aber nicht nur Verkaufserfolge, sondern auch sportliche Erfolge verbunden. Anders als bei den speziellen Konstruktionen der Straßenrennmaschinen setzte KTM im Geländesport auf seriennahe Technik. Was lag da also näher, als auf das stabile Schwingen-Fahrgestell der »Grand Tourist« zurückzugreifen und die Maschine durch breitere Lenker, grobstollige Reifen oder einen hochgezogenen Auspuff dem neuen Einsatzzweck anzupassen. Dennoch wird die Maschine in zeitgenössischen Programmheften nur als »KTM 125« aufgeführt.

▲ *Die barocken Formen des Mirabell-Rollers passten in die Zeit: Mehr Fünfziger-Jahre-Flair erscheint kaum denkbar. (Foto: Heinz Mitterbauer)*

Und noch eine andere interessante Ausführung der »Grand Tourist« gab es: der österreichische Automobilclub ÖAMTC schraubte an die 6,1 PS starke Maschine einen mit Werkzeug und Ersatzteilen vollgepackten Transportseitenwagen und setzte 28 dieser KTM-Gespanne auf oberösterreichischen Straßen als Pannenhilfsfahrzeug ein. Wegen der auffallend gelben Farbe der KTM-Gespanne wurden die Pannenhelfer von den gestrandeten Kraftfahrern schon bald als »Gelbe Engel« bezeichnet, so wie das schon in Deutschland bei den Straßenwachtfahrern des ADAC der Fall war.

Etwa 6000 Exemplare der »Grand Tourist« wurden gebaut, bevor die bewährte Maschine 1958 von der stärkeren »Tourist Trophy« mit Viergang-Getriebe abgelöst wurde.

MOTORROLLER UND EIN FRANKFURTER TOPF

Eine Premiere im noch jungen KTM-Programm stellte der »Mirabell«-Roller dar, benannt nach dem Salzburger Schloss Mirabell, den es mit 125 und 150 cm^3, später auch in einer Variante mit Elektrostarter gab. Mit steigenden Löhnen war zehn Jahre nach Kriegsende ein motorisierter Untersatz für viele kein unerreichbarer Traum mehr, sondern in greifbare Nähe gerückt. Oft reichte es zwar noch nicht für ein Auto, aber ein Motorrad oder ein Motorroller war durchaus erschwinglich. Der Käufer hatte nun die Wahl, einen fahrbaren Untersatz mit oder ohne

Blechkleid zu erstehen. Ein Roller war zwar nicht so sportlich wie ein Motorrad, bot aber durch seine Verkleidung einen recht guten Schutz vor Verschmutzung auf den damals noch schlechten Straßen. Wer sich für einen KTM-Roller entschied, erhielt üppige Blechrundungen im Stil der Zeit, und eine fesche Zweifarblackierung im US-Style gab es auf Wunsch.

Die Presse war voll des Lobes über die gelungene Neuerscheinung. Nomen est omen – getreu der Bedeutung des Wortes »Mirabell«, nämlich »bewundernswert« und »schön«, galt der neue KTM-Roller nach damaligem Geschmack als schneidig, gediegen und elegant, während andere Hersteller ihre »Kraftroller« (so die amtliche Bezeichnung) teilweise als »Autoroller« oder sogar als »Auto auf zwei Rädern« verstanden wissen wollten und auch als solche anboten.

Roller hin oder her: Sowohl Hans Trunkenpolz als auch Ernst Kronreif waren Rennsportler mit Leib und Seele, die KTM auch auf internationalen Rennstrecken erfolgreich machen wollten. Da ist es nur allzu verständlich, dass sie nicht mit zwei italienischen Production Racern, sondern mit einer eigenen KTM-Rennmaschine antreten wollten. Dazu verpflichtete das Duo den bekannten österreichischen Motorenkonstrukteur Ludwig Apfelbeck, 1903 in Knittelfeld in der Steiermark nahe des heutigen Red Bull-Ringes geboren. Schon in den 1930er Jahren machte er durch mehrere Patente auf sich aufmerksam. Seine Spezialität waren Vierventil-Zylinderköpfe für Einzylindermotoren. Nach dem Zweiten Weltkrieg baute Apfelbeck zunächst Motoren für den Bahnsport, bevor er 1952 zu Horex nach Bad Homburg bei Frankfurt ging und 1955 zu Maico wechselte. Bei dem schwäbischen Zweitakthersteller sollte Apfelbeck einen 175 Kubik-Doppelnocken-Motor entwickeln, der zumindest auf dem Zeichenbrett entstand, aber soweit bekannt nie realisiert wurde. Durch Vermittlung von Ernst Kronreif heuerte der Vierventil-Spezialist 1956 in Mattighofen an, um für KTM einen eigenen Rennmotor zu entwickeln. Da dies mit erheblichen Kosten verbunden war, arbeitete Apfelbeck auch an einem führerscheinfreien Motorroller für den Alltagsgebrauch, der dann als »Mecky« in großen Stückzahlen Geld in die KTM-Kasse bringen sollte.

Der Apfelbeck-Roller war ein führerscheinfreier 50 cm^3-Roller. »Mecky«, so der Name, wurde als »erster Mopedroller der Welt« beworben. Außerdem bedeutete der »Mecky« für KTM eine weitere Premiere: Anders als die bisherigen Modelle hatte der Roller keinen Rotax-Sachs-Motor, sondern einen von Apfelbeck konstruierten Dreigang-Motor: Vom ersten Federstrich bis zur Fertigung war dieser 50 Kubik-Motor komplett in Mattighofen entstanden.

Allerdings erfüllte »Mecky« nicht die großen Hoffnungen, die man in ihn gesetzt hatte. Neben den Entwicklungskosten verschlang die zu teure Motorproduktion und die Abwicklung von Garantie- und Kulanzleistung zur Behebung der Kinderkrankheiten viel Kapital. Insbesondere die aufvulkanisierte Torsions-Gummifederung der Vorderschwinge war einer der Schwachpunkte, und das Getriebe ließ sich bei Minustemperaturen nicht mehr schalten, weil die Gehäuseentlüftung nicht richtig funktionierte und die Feuchtigkeit im Inneren gefror. Ein Jahr darauf wurde mit dem »Mecky II« eine überarbeitete Version vorgestellt, für die ein gebläsegekühlter Sachs-Motor verwendet wurde: Der erste eigene KTM-Treibsatz erwies sich als Niete.

Neben dem Mopedroller gab es für die Saison 1957 zwei weitere Neuheiten im KTM-Programm, nämlich die Modelle »Tarzan« und »Mustang«, beide mit 125 cm^3-Motoren. Beide

▲ *Ludwig Apfelbeck blieb nur ein Jahr und wechselte dann zu BMW, wo er an der Rennausführung des Kleinwagen-Typs 700 mitarbeitete. »Bergkönig« Hans Stuck wurde damit im Alter von 60 Jahren noch einmal Deutscher Bergmeister. Stehend Hans Trunkenpolz.*

▲ *Der Apfelbeck-Mecky mit Torsionsfederung und Dreigang-Motor aus eigener Fertigung war ein Misserfolg. (Foto Heinz Mitterbauer)*

waren wesentlich sportlicher gehalten als die bisherigen KTM, die bewährte »Grand Tourist« als Basis war ein braves Alltagsgefährt, mehr nicht. KTM entwickelte daraus die »Tarzan«, einen richtigen kleinen Renner mit Stummellenker, Höckersitzbank und einem speziell geformten Tank mit Ausbuchtungen für die Unterarme und die Knie. Mit der schnittigen Optik nicht ganz mithalten konnte der schon etwas betagte Sachs-Motor mit Graugusszylinder und Nasenkolben. Und auch die Höchstgeschwindigkeit von 107 km/h bei gerade einmal acht PS Leistung schien etwas optimistisch angegeben zu sein. Auffällig bei der »Tarzan« war der ungewöhnlich geformte Schalldämpfer aus Aluminium. Es handelte es sich dabei um einen »Frankfurter Topf«, der von KTM in Lizenz gebaut wurde und in den späten 1950er Jahren an vielen KTM-Modellen zu finden war.

Der »Frankfurter Topf« war eine Erfindung des deutschen Juristen Dr. Hans Karl Leistritz. Fahrzeuglärm war schon in den 1950er Jahren ein Problem, und das wollte Leistritz mit seinem »Flüsterauspuff« angehen. Die damalige Bonner Ministerialbürokratie im Verkehrsministerium war jedenfalls so beeindruckt, dass schon darüber diskutiert wurde, eine Nachrüstpflicht für alle zugelassenen Motorräder mit diesem Schalldämpfer zu verfügen. Natürlich freute sich die Boulevardpresse, dass den »Halbstarken«, die Fußgänger und Autofahrer mit unerträglichem Lärm belästigen, mit einer neuen Verordnung der Spaß verdorben wer-

▲ *Die »Tarzan« mit dem charakteristischen »Frankfurter Topf«-Schalldämpfer. (Foto: Heinz Mitterbauer)*

▲ *Das Foto verdeutlicht den Aufbau eines »Frankfurter Topf« am Beispiel einer »Victoria« der Zweirad-Union. Deutsche Hersteller aber ignorierten meist die Erfindung. (Foto: Archiv Zweirad Union)*

den sollte. Die Fachpresse bezeichnete den »Frankfurter Topf« hingegen als »gigantischen Schwindel« und überzog den Erfinder mit beißendem Spott. Tatsache ist jedenfalls, dass die mechanischen Geräusche eines Motors das Auspuffgeräusch übertönten. Technisch bestand der Schalldämpfer – »Druckwandler« genannt – aus einem gegossenen Aluminiumgehäuse mit einem abnehmbaren Deckel. Der vom Krümmer her einströmende Abgasstrahl wurde in mehrere unterschiedlich lange Kanäle aufgeteilt und am Ende des Druckwandlers wieder zusammengeführt, was zu einem deutlich geringeren Geräuschpegel führte. Während die deutsche Motorradindustrie Dr. Leistritz und seine Erfindung praktisch ignorierte, erwarb KTM die Nachbaulizenz für diese Abgasanlage und verbaute sie an verschiedenen 125ern. Die KTM-Ausführung bestand aus zwei nebeneinander liegenden Druckwandlern, erkennbar an den beiden dünnen Auslassröhrchen. Den »Frankfurter Topf« fertigte KTM auch als Nachrüstteil für verschiedene Mopeds der österreichischen Konkurrenz, so für HMW, Lohner und Puch. Das letzte KTM-Modell mit diesem Schalldämpfer war der »Ponny«-Roller, bei dem ein flacher tellerförmiger Druckwandler unterhalb des Trittbretts montiert war.

MUSTANG – DIE ERSTE SERIENMÄSSIGE OFFROAD-KTM

Parallel zur »Tarzan« gab es die eher geländeorientierte »Mustang« mit 19 Zoll-Rädern, breitem Lenker und hochgezogenem Auspuff. Konzeptionell basierte sie zwar ebenfalls auf der »Grand Tourist«, darf aber mit Fug und Recht als erste serienmäßige Offroad-KTM gelten. In auffälligem Rot lackiert, gab es die Maschine als 125er und als 150er, ein Umbau für Motocross-Rennen oder Geländeeinsätze war problemlos möglich. Besonders pfiffig war die Idee, im Soziuspolster ein Fach für das Bordwerkzeug und Reserveschläuche vorzusehen, denn im damaligen Geländesport durften Reparaturen ja nur mit Bordmitteln durchgeführt werden. Es gab sogar eine Art Sponsoring für Geländesportler. Wer nachweisen konnte, dass er mit seiner KTM am »Wertungssport« teilnehmen wollte, erhielt das Motorrad zu einem Sonderpreis.

Zu jener Zeit suchte das österreichische Bundesheer nach einem neuen Meldekrad mit 175 cm³ und hatte eine entsprechende Ausschreibung veröffentlicht. Obwohl KTM keinen entsprechenden Motor im Programm hatte, bewarben sich die Mattighofener um den lukrativen Auftrag und schickten KTM-Werksfahrer Erwin Lechner, der sowohl im Gelände als auch auf Asphalt zu den schnellsten Österreichern gehörte, zur Präsentation. Lechner erzählte später, dass er die in aller Eile militärgrün umlackierte 125 cm³-Wettbewerbsmaschine der Beschaffungskommission vorführte. Es war seiner Erfahrung zu verdanken, dass die KTM als geeignetes Militärkrad überzeugen konnte. Um den vorgegebenen Hubraum zumindest annähernd zu erreichen, kam für die Serienversion der von Sachs auf Basis des 125er- Motors gebaute 150 Kubik-Viergang-Motor zum Einbau. Im Laufe der folgenden Jahre wurde das Militärkrad in zwei unterschiedlichen Versionen ausgeliefert, zunächst eine recht serienmäßige R 150 »Mustang«, die wegen des hochgezogenen Schalldämpfers auf einen Soziussitz verzichtete und unter der Heeresbezeichnung »gl Krad 150 (KTM R, Einsitzer)« geführt wurde. Die 1959 deutlich verbesserte Ausführung hieß »gl Krad 150 (KTM Mustang, Zweisitzer)«. Um einen Sozius mitnehmen zu können, wurde der Auspuff wie bei den Straßenmodellen nach unten verlegt, ein stabiler Gepäckträger erlaubte das Mitführen auch von schwereren Lasten und der Mittelständer erleichterte die Wartungsarbeiten wie beispielsweise die Kettenpflege.

Die Militäraufträge waren ein Lichtblick in dem sich ansonsten verdüsternden Panorama der zweiten Hälfte des Jahrzehnts: Wie in Deutschland auch, brach der Motorradmarkt zusammen. Trotz rückläufiger Verkaufszahlen konnten die Besucher der Wiener Frühjahrsmesse 1958 auf dem Stand der Mattighofener eine neue Maschine bestaunen – die »Tourist Trophy«. Der Name sollte offensichtlich an die »TT« erinnern, das sehr populäre Straßenrennen auf der Insel Man in der irischen See.

▲ *Breiter Lenker, hochgezogener Auspuff und Stollenreifen auf 19 Zoll-Felgen – die erste serienmäßige Offroad-KTM leistete 8 PS.*

▲ *Die noch recht seriennahe erste Variante des Meldekrads. (Foto: Bundesministerium für Landesverteidigung Wien)*

▲ *Die zweite Variante der Militär-Mustang von 1959 war soziustauglich. (Foto: Bundesministerium für Landesverteidigung Wien)*

▲ *Die Tourist Trophy war das vorerst letzte KTM-Motorrad. (Foto: Heinz Mitterbauer)*

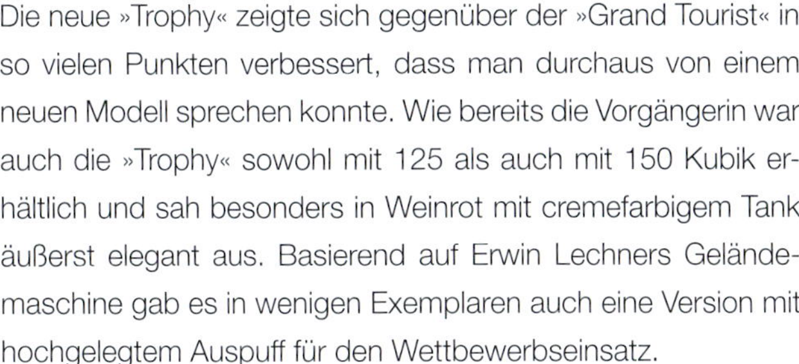

Die neue »Trophy« zeigte sich gegenüber der »Grand Tourist« in so vielen Punkten verbessert, dass man durchaus von einem neuen Modell sprechen konnte. Wie bereits die Vorgängerin war auch die »Trophy« sowohl mit 125 als auch mit 150 Kubik erhältlich und sah besonders in Weinrot mit cremefarbigem Tank äußerst elegant aus. Basierend auf Erwin Lechners Geländemaschine gab es in wenigen Exemplaren auch eine Version mit hochgelegtem Auspuff für den Wettbewerbseinsatz.

Doch auch diese gelungene Neuerscheinung vermochte KTM nicht zu retten. Die wirtschaftliche Situation im Nachkriegseuropa hatte sich soweit stabilisiert, dass viele sich nun ein kleines Auto leisten konnten oder einen gebrauchten Volkswagen. Das Motorrad geriet nun schnell in den Ruf eines »Arme-Leute-Vehikels«, als Fahrzeug für Menschen, die trotz boomender Konjunktur abgehängt waren. Das traf alle Motorradhersteller gleichermaßen. KTM bildete da keine Ausnahme und schnallte den Gürtel enger. Zunächst wurden die Motorsportaktivitäten eingestellt, doch das reichte längst nicht aus:

Als auf der Wiener Frühjahrsmesse 1959 KTM nochmals die Motorräder »Grand Tourist«, »Tourist Trophy«, »Tarzan« und »Mustang« ausstellte, war die Einstellung des Motorradbaus damals schon absehbar. Einzig der überarbeitete zweisitzige Mopedroller mit Sachs-Motor schien eine Perspektive zu bieten. Anders als bei den Motorrädern waren für die führerscheinfreien Mopeds mit 50 cm³ gerade in Österreich eher steigende Absatzzahlen zu erwarten.

Einen Lichtblick stellte der Einstieg von ZKW dar, einem 1938 von Karl Zizalla in Wien gegründeten Hersteller von Fahrzeugkomponenten. Nach dem Tod von KTM-Miteigentümer Ernst Kronreif im Frühjahr 1960 übernahm ZKW dessen Anteile und wurde so Mehrheitseigner bei KTM. Damit einher ging der Wechsel von Rotax bzw. Sachs als Motorenlieferanten hin zum österreichischen Konkurrenten Puch, einem großen ZKW-Kunden und österreichischem Marktführer auf dem Mopedsektor. Lediglich für die Exportmodelle blieb es auch weiterhin bei Sachs-Motoren.

▲ *Das neue Firmengebäude an der Harlochnerstraße (1960).*

DER WIEDERAUFSTIEG (1961 – 1979)

Der Auftrag des Bundesheeres zur Lieferung von Militärmaschinen hatte KTM als Motorradhersteller zwar zunächst vor Schlimmerem bewahrt, war letztendlich aber nicht lukrativ und stückzahlenträchtig genug, um eine Weiterführung des Motorradprogramms wirtschaftlich sinnvoll zu machen – 1960 stellte KTM die Produktion von Maschinen mit mehr als 50 cm³ ein und konzentrierte sich auf die bei Jugendlichen besonders beliebten Mofas, Mopeds und Roller.

DIE SECHZIGER JAHRE

In diese Zeit des Umbruchs fällt auch eine einschneidende personelle Änderung: Zwei Jahre nach dem Tode von Ernst Kronreif erlag der Firmengründer Hans Trunkenpolz am 10. Februar 1962 im Alter von gerade einmal 53 Jahren einem Herzinfarkt. Sein damals 30-jähriger Sohn Erich übernahm die Leitung der Firma. Er führte ein neues Firmenlogo ein, doch bis Mitte der 1980er Jahre war auf den Verkaufsprospekten noch die Bezeichnung »Motor-Fahrzeugbau KG Kronreif & Trunkenpolz, Mattighofen« zu finden.

▲ *Erich Trunkenpolz führte, als eine seiner ersten Amtshandlungen, das ovale KTM-Zeichen mit modernisiertem Schriftzug als offizielles Firmenlogo ein.*

Die erste Neuerscheinung nach Einstellung der Motorradproduktion war der Roller »Ponny«, in späteren Jahren zur Unterscheidung vom Nachfolgemodell häufig auch »Ponny I« genannt. Dieses Modell, das unter Leitung von Entwicklungschef Ing. Nairz mit bescheidenen Mitteln auf Basis des Mopedrollers »Mecky« entwickelt wurde, sollte ein großer kommerzieller Erfolg werden.

Ähnlich wie beim eher glücklosen Vorgänger hing der Motor unter dem zentralen Rahmenrohr, allerdings wurden die Schwachstellen konsequent ausgemerzt. Die anfällige Torsionsfederung der Vorderschwinge gehörte nun der Vergangenheit an, stattdessen kamen zwei konventionelle Federbeine zum Einsatz. Hinten stützte sich die Schwinge auf eine waagerecht unter der Sitzbank liegende Zentralfeder ab. Für den Antrieb griff man auf gebläsegekühlte Motoren von Puch bzw. Fichtel & Sachs zurück, wobei letztere für die Exportmodelle vorgesehen waren. Das Blechkleid erinnerte deutlich an die Karosseriemode amerikanischer Straßenkreuzer – markante Heckflossen, eine Zweifarblackierung mit Zierstreifen und die »DLS«-Ausführung (»De Luxe Spezial«) rollte sogar mit einem Doppelscheinwerfer und Weißwandreifen vor.

Während die Puch-getriebenen Roller anfangs aufgrund der österreichischen Gesetzeslage noch fahrradähnliche Pedale haben mussten, gab es die vom deutschen Importeur Gritzner-Kayser AG aus Karlsruhe-Durlach angebotenen Modelle »DL« (»De Luxe«) für den damaligen deutschen Mopedführerschein der Klasse V (bis max. 40 km/h) oder »DLS« für den Kleinkraftradführerschein der Klasse IV mit einem Kickstarter. Das Dreigang-Getriebe wurde, wie noch viele Jahre bei Motorrollern üblich, mit einem Drehgriff per Hand geschaltet. Mutmaßlich sollte vom »Ponny« ursprünglich auch eine Variante mit dem 200er Sachs-LD-Motor entstehen, die aber wohl über das Prototypenstadium nicht hinaus kam.

Der Ponny De Luxe Spezial kam mit Doppelscheinwerfer und Heckflossen wie ein zweirädriger Straßenkreuzer daher.

Der Ponny-Roller mit Sachs-Motoren auf einem Messestand. Der Roller vorn im Bild hat einen 200 cm³-großen Sachs-Motor, im Hintergrund die serienmäßige Export-Ausführung mit 50 cm³-Sachs-Motor.

NEUE MODELLE UND NEUE MÄRKTE IM NEUEN JAHRZEHNT

Eine Änderung des Schweizer Straßenverkehrsgesetzes, wonach dort Motorfahrräder bereits von 14-jährigen gefahren werden durften, veranlasste KTM 1962, ein solches Mofa zu entwickeln. Das KTM-intern »Schweizer Mofa« genannte einsitzige Fahrzeug hatte einen U-förmig gebogenen Rahmen mit, wie bei Fahrrädern üblich, ungefedertem Vorder- und Hinterrad. Für den nötigen »Rückenwind« sorgte ein 0,8 PS starker gebläsegekühlter Zweigang-Motor von Sachs, der eine Geschwindigkeit von 25 km/h ermöglichte. Verzögert wurde mit einer Trommelbremse im Vorderrad und einer Rücktrittbremse im Hinterrad.

▲ *Die KTM Junior, das sogenannte »Schweizer Mofa«, erschien 1962*

▲ *Hobby Automatic – lieferbar als Mofa und Moped (1968).*

Die wenig ergonomisch angeordneten Pedalkurbeln waren einst der österreichischen Straßenverkehrsordnung geschuldet.

In Deutschland gehörte der Ponny II als Hercules R 50 (Mokickroller) und als R 50 S (Kleinkraftroller) bis in die 1970er Jahre zum Straßenbild. (Foto: Archiv Zweirad Union)

Wesentlich schnittiger sah das ab 1968 gebaute Mofa »Hobby Automatic« aus, das im Verkaufsprospekt überschwänglich angepriesen wurde. Da gab es neben einem »schönen gepressten Stahlblechrahmen« eine Glocke und einen entstörten Zündkerzenstecker serienmäßig. Für Sparfüchse war eine ungefederte Ausführung und für diejenigen, die es lieber etwas schneller haben wollten, auch eine Moped-Variante mit 40 km/h Höchstgeschwindigkeit erhältlich.

Als erstes neues Roller-Modell unter der Ägide von Erich Trunkenpolz erschien indessen im Herbst 1962 der »Ponny II«. Neben einem neuen Rahmen, dessen Hauptrohr nun unter dem Motor durchführte und damit einen ungehinderten Durchstieg ermöglichte, wie bei den Rollern der Konkurrenz üblich, zeigte er sich in vielen Details gegenüber der ersten Generation stark verbessert. Der »Ponny II« entwickelte sich zum absoluten Dauerbrenner im KTM-Programm und blieb ein Vierteljahrhundert lang fast unverändert im Programm. Erst 1988 rollte mit dem »Ponny II Super 4« das letzte Exemplar vom Band. Wie bereits den Vorgänger, so gab es auch den »Ponny II« bis in die 1970er Jahre hinein in Deutschland zu kaufen. Allerdings trugen diese Roller nicht das ovale KTM-Emblem, sondern die Markenzeichen von Rabeneick und Hercules, die sie mit Sachs- statt mit Puch-Motoren auf deutsche Straßen brachten.

▲ *Die späteren Ausführungen des Ponny II wurden von einem Viergang-Puch-Motor angetrieben, erkennbar an der Modellbezeichnung »Super 4«. Die fahrradähnlichen Pedale gehörten nun der Vergangenheit an (1970).*

Weil Österreich nicht der 1957 gegründeten EWG (Europäische Wirtschaftsgemeinschaft, Vorläufer der heutigen EU) angehörte und daher beim Export in die EWG bis zum Abschluss eines Freihandelsabkommens im Jahre 1973 gewissen Handelsbeschränkungen unterlag, war der Europa-Export für KTM erschwert. Doch um zumindest in Österreich den Marktanteil zu vergrößern, führte KTM nach einer Händler-Umfrage neben dem Roller eine zweite Modellreihe ein. Die Marktforschung versprach insbesondere für ein Moped mit dem Aussehen eines Motorrads gute Absatzchancen. KTM entwickelte daraufhin die »Comet«-Baureihe, die bis in die 1980er Jahre in zahllosen Varianten im Programm blieb.

Wie bereits beim Ponny-Roller fuhr man beim Antrieb von Anfang an zweigleisig – Puch-Motoren fürs österreichische Inland, Sachs-Motoren für den Export. Dies bot den zusätzlichen Vorteil, dass man zumindest antriebsseitig auf viele Teile des Ponny zurückgreifen konnte. Die »Comet« avancierte vom Start weg zu einem Verkaufshit und verzeichnete starke Marktanteilsgewinne gegenüber dem Konkurrenten Puch, der allerdings durch die Lieferung der Motoren von den KTM-Erfolgen in der 50-Kubik-Klasse zumindest indirekt profitierte. Die »Comet« ließ über Jahre hinweg bei KTM die Kasse klingeln und am Ende kaufte sogar Puch bei KTM den leistungsstarken fahrtwindgekühlten Zylinder, der in Mattighofen für die Puch-Motoren entwickelt worden war. Mit seiner neuen 50er hatte KTM sprichwörtlich ins Schwarze getroffen – nur zwei Jahre nach Produktionsbeginn konnte im Jahr 1966 bereits die 10.000. Maschine vom Band geschoben werden.

Der neue Renner bildete auch die Basis für den zunächst bescheidenen Wiedereinstieg in den Motorsport. Speziell vorbereitete Maschinen gingen mit dem bewährten luftgekühlten Sachs-Fünfgang-Motor (Typ 50 S) bei Geländesportwettbewerben an den Start, allerdings waren diese Maschinen den KTM-Werksfahrern vorbehalten und nicht käuflich. Nur am Rande vermerkt sei auch die Tatsache, dass im Comet-Jahr 1964 Erich Trunkenpolz und der kaufmännische Leiter Helmut Quindt (der zuvor beim deutschen KTM-Importeur Gritzner-Kayser gewesen war) die Aufnahme der Fahrradproduktion, insbesondere für den US-Export, beschlossen.

◄ *1964 erfolgte die Markteinführung der Comet-Baureihe, zunächst mit Zentralrohrrahmen und für Österreich mit gebläsegekühltem Puch-Motor.*

▼ *Ein geschlossener Kettenkasten gehörte lange zu den Markenzeichen der Comet-Reihe. Neben der »Super 4« mit Viergang Puch-Motor war auch wieder eine »Mustang« mit hochgezogenem Auspuff lieferbar.*

▲ *Als »Sportmoped mit den Merkmalen eines Motorrades« bewarb KTM die Comet 502, obwohl die mopedtypischen Pedale längst Vergangenheit waren. Der fahrtwindgekühlte Zylinder auf dem Puch-Motor war eine KTM-Konstruktion.*

▲ *Mit schmalen verchromten Schutzblechen und Doppelauspuff war die Comet 504 S das Top-Modell der Baureihe, allerdings war auch hier die Höchstgeschwindigkeit auf 40 km/h beschränkt.*

1968 gab es auch eine 125 cm³-Comet mit dem brandneuen Sachs-Fünfgang-Motor. Der Sachs-Schriftzug auf dem Gehäusedeckel entsprach noch den Vorserienexemplaren.

Mit 8,5 PS und Viergang-Getriebe war die Comet 100 ein genügsames Motorrad für den Alltagsgebrauch.

Neben den verschiedenen »Cometen« mit 50 Kubik-Motoren von Puch und Sachs gab es auch in geringen Stückzahlen Motorräder mit einem Hubraum von 100 bzw. 125 Kubik. Dabei kam zunächst der Viergang-Sachs-Motor vom Typ 100/4S zum Einbau, wie er auch bei den Konkurrenzfabrikaten, beispielsweise der Hercules »K 103 S«, zu finden war.

Als Ende 1967 auf dem Mailänder Salon der neue Fünfgang-Sachs-Motor mit 125 cm³ erschien, der über die gleichen Befestigungspunkte wie die kleineren Motoren verfügte, begann auch KTM diese in die bestehenden Fahrgestelle einzubauen und kam auf diese Weise kostengünstig zu einem neuen Motorrad. Allerdings blieben die Produktionszahlen arg überschaubar.

Für das Jahr 1967 hatte Erich Trunkenpolz als technischer Leiter und Teilinhaber zusammen mit dem kaufmännischen Direktor Helmut Quindt eine 25%ige Steigerung der Produktionszahlen ins Auge gefasst, wozu das Firmengelände in zwei Bauabschnitten erweitert werden sollte. Ein erster Schritt bestand in der schon erwähnten Aufnahme der Fahrradproduktion, ein zweiter in der Aufnahme des US-Exports.

Denn auf dem größten Absatzmarkt der Welt erlebte das Motorrad einen Boom als Freizeitgerät. So wie die anderen europäischen Hersteller wollte auch KTM ein Stück vom großen Kuchen abhaben, an dem sich die Japaner schon reichlich bedienten. Basis für den Einstieg in den amerikanischen Markt war die »Comet 100«, die mit einem »Ape Hanger«-ähnlichen Lenker und hochgezogenem Auspuff versehen als »Hansa Trail Bike« die Herzen der Amerikaner erobern sollte. Das Bike entsprach in etwa dem, was wir heute unter einem »Scrambler« verstehen, war aber alles andere als geländetauglich, obwohl auf der Hinterradnabe zwei unterschiedlich große Kettenräder für Gelände- und Straßenbetrieb montiert waren.

KTM hat mit diesem Konzept und diesem Motorrad nie eine realistische Chance gehabt. Der gerade einmal 8,5 PS leistende Viergang-Motor hinkte schon zu jener Zeit der Konkurrenz leistungsmäßig weit hinterher. Da half auch der Name »Hansa« auf dem Tank nicht viel weiter, der Assoziationen zu Honda hatte wecken sollen. Auch wirtschaftlich war das Vorhaben ein Risiko, zumal die »Trail Bikes« in den USA für nur 250 US-Dollar (nach damaligem Wechselkurs) angeboten werden sollten. Erst nachdem KTM Ende 1967 mit dem Amerikaner John Penton ins Geschäft gekommen war, wurde die Marke in den USA zum Begriff.

▸ *1970 folgte eine wesentlich gefälligere Variante der Comet 125, die mit ihrem Doppelauspuff die Illusion eines Zweizylindermotors erweckte.*

▾ *Das »Hansa Trail Bike« auf Basis der Comet 100 erweckte trotz hochgezogenem Auspuff und breitem Lenker nur die Illusion einer Geländemaschine.*

DIE SIEBZIGER JAHRE

Auch in den 1970er Jahren blieb KTM zunächst seiner bisherigen Strategie treu, in erster Linie anspruchslose Alltagsfahrzeuge und sportliche Fünfziger auf die Straße zu bringen. Neue Entwicklungen waren zunächst Mangelware, Modellpflege war angesagt. In jenem Jahrzehnt wagte KTM sich auch wieder mit einem »richtigen« Motorrad auf den Markt. Es stand auf dem KTM-Stand der Wiener Frühjahrsmesse 1975, hieß »Comet GP 125 RS«, war gold-schwarz lackiert und wirkte mit dem Sechsgang-Motor von Sachs deutlich erwachsener als die bisherigen 50er. Während die 125er zunächst nur mittels Grimeca-Scheibenbremse im Vorderrad gebremst wurde, kam beim 1976er Modell auch im Hinterrad eine Scheibe von Brembo zum Einsatz. Die Produktion endete 1977, es hat nie ein Nachfolgemodell für die »Comet GP 125 RS« gegeben. Ähnlich wie auch die deutschen 125er konnte sie sich gegenüber der meist zweizylindrigen japanischen Konkurrenz nicht behaupten. KTM konzentrierte sich weiterhin auf den Bau seiner 50er.

▲ *Die Comet GP 125 RS mit 17 PS starkem Sechsgang-Sachs-Motor von 1975 hatte zunächst noch eine Trommelbremse im Hinterrad.*

▲ *Die modellgepflegte Ausführung von 1976 mit einer Brembo-Scheibe im Hinterrad konnte sich nicht durchsetzen und blieb eine Rarität auf unseren Straßen.*

◂ *Die Comet 50 S Super war das Top-Modell für den Export, entsprach aber bis auf den 6 PS starken Sachs-Motor im Wesentlichen der Comet 504 S.*

▾ *Die Comet Cross von 1971 war nur von der Optik her geländetauglich, aber der Lenker und die optional erhältliche Rückenlehne erinnerten mehr an »Easy Rider«.*

FÜNFZIGER FÜR ALLTAG UND FREIZEIT

Das Automatik-Mofa, das es in ähnlicher Konzeption auch von zahlreichen anderen Herstellern gab, wurde in modellgepflegten Varianten sowohl als Mofa 25 als auch in einer 40 km/h schnellen Version als Moped weiter gebaut.

Bei der »Comet«-Reihe perfektionierte man die Idee von einer Fünfziger mit dem Aussehen eines »richtigen« Motorrades und bot für jeden Geschmack etwas an. Die »Comet Cross« war natürlich alles andere als geländetauglich, auch wenn ein hoher Lenker, ein hochgezogener Auspuff oder grob-profilierte Reifen dies suggerierten. Es gab sogar eine Variante mit Pedalkurbeln für den niederländischen Markt, aber auch dieses »bromfiets« war eher für die Fahrt zur Eisdiele gedacht. Das Pendant zur »Comet Cross« war die nur in Österreich angebotene »Comet Racer«. Ein schlanker Tank, Stummellenker, schmale Nirosta-Schutzbleche und eine hochwertige Ceriani-Gabel ließen die Racer tatsächlich wie eine kleine Rennmaschine aussehen. Im Widerspruch dazu stand aber die Leistung von gerade einmal 2,6 PS.

KTM bediente auch den Trend nach Mini-Bikes und bot die gebläsegekühlte »Comet Mini-Cross« an, die einst sogar von Niki Lauda als Pitbike benutzt wurde.

1974 umfasste das Programm nicht weniger als 43 unterschiedliche Modelle vom anspruchslosen Automatic-Mofa bis hin zum bärenstarken Halbliter-Crosser.

▴ *Der Duft der großen weiten Welt – die hochwertig ausgestattete Comet Racer (1972) war aber nur 2,6 PS stark und kaum das Gefährt, das ein distinguierter Airline-Pilot privat bewegte.*

◂ *Das KTM-Fabrikgebäude an der Harlochnerstraße nach einer weiteren Vergrößerung (1973).*

▾ *Auf Augenhöhe mit Ultra, RS & Co: die schnittige Comet GP 50 RS mit 6,25 PS starkem Sachs-Motor und üppiger Ausstattung, erhältlich in Gold und Rot. In Österreich wurde ein Puch-Motor eingebaut.*

Mitte der 1970er Jahre hießen die Platzhirsche auf dem heißumkämpften deutschen Kleinkraftmarkt Hercules Ultra, Kreidler RS oder Zündapp KS 50 WC, die sogar schon einen flüssigkeitsgekühlten Zylinder besaß. In dieser Liga wollte auch KTM mitspielen und lancierte die »Comet GP 50 RS«, wobei die Kürzel »GP« und »RS« nicht zufällig gewählt wurden und entsprechende Assoziationen wecken sollten. Auch die Farbgebung in Gold und Schwarz erinnerte an die Formel 1-Renner des damaligen John-Player-Lotus-Teams. Das Top-Modell war auch in rot-silberner Lackierung erhältlich. Verzögert wurde über zwei Brembo-Scheibenbremsen im Vorder- und Hinterrad, deren Durchmesser von 260 Millimetern damals manch größerem Motorrad gut gestanden hätte.

Neben dem Top-Modell gab es auch einfachere Varianten wie die »Comet GP 50 MS« mit einem Viergang-Sachs-Motor und 40 km/h Höchstgeschwindigkeit. Die »Comet Cross 50 S« hatte nicht mehr viel mit dem Vorgängermodell gemeinsam: Ein Motocross-Lenker und ein hochgezogener Auspuff sorgten für den »Cross-Look« während die Straßenreifen auf Magnesium-Druckgussrädern aufgezogen waren, was für echte Geländesportmaschinen völlig undenkbar war. Zumindest die Mokick-Variante (»Comet Cross 50 MS«) hatte noch Speichenräder.

1977 wurden die Comet-Modelle kräftig überarbeitet. Die filigranen GP-Modelle wirkten jetzt deutlich erwachsener. Die Sitzbank wurde komfortabler und die Kette lief nunmehr gekapselt in einem geschlossenen Kettenkasten. Das Top-Modell war die »Comet 50 RLW« mit flüssigkeitsgekühltem Sachs-Motor und Cockpitverkleidung, die fahrtwindgekühlte Variante nannte sich »Comet 50 RSL«.

▲ *Für Sparfüchse gedacht war das Mokick Comet 50 MSS, anfangs – 1978 – noch mit Cockpitverkleidung und Graugusszylinder, später – 1979 – mit dem moderneren Alu-Breitwandzylinder, dafür ohne Verkleidung.*

Mit dem Boom der »offenen« Kleinkrafträder stiegen aber auch die Versicherungsprämien in schwindelerregende Höhen, Grund genug für wirtschaftlich denkende Interessenten, sich näher mit einem Mokick zu befassen, das konzeptionell im Wesentlichen den Kleinkrafträdern entsprach, allerdings nur maximal 40 km/h schnell sein durfte. Mit der »Comet 50 MSS« bot KTM ein solches Mokick an. Es entsprach im Wesentlichen der offenen RSL, allerdings hatte die hochwertige Ausstattung mit Magnesiumrädern und einer Scheibenbremse im Vorderrad auch ihren Preis. Die sparsameren Zeitgenossen griffen eher zur abgespeckten »Comet 50 MS«, mussten dafür aber auf die Scheibenbremse verzichten. Ein echter Hingucker war die »Comet 50 ME«. Sie trug das Design der GS 80-Wettbewerbsmodelle des Jahres 1979 und war sowohl als Kleinkraftrad mit 6,25 PS starkem Sachs-Motor als auch in einer Mokick-Version mit 2,9 PS starkem Sachs-Motor erhältlich.

▲ *Auf den ersten Blick wie eine GS 80-Wettbewerbsmaschine – die Comet 50 ME war als Kleinkraftrad und als Mokick mit 40 km/h Höchstgeschwindigkeit lieferbar (1979).*

GELÄNDESPORT- UND MOTOCROSS-MOTORRÄDER

Die Verkaufserfolge der Penton-Maschinen in den USA und die Nachfrage nach solchen Geländemaschinen insbesondere im deutschsprachigen Raum, wo im Wesentlichen nur Hercules, Puch oder Zündapp käufliche Motorräder in den kleineren Hubraumklassen für sogenannte »Privatfahrer« anboten, führte bei KTM zur Entwicklung einer komplett neuen Geländemaschine mit einem Doppelschleifenrahmen aus Chrom-Molybdän-Rohren. In das neue Fahrgestell wurden die bekannten Sachs-Motoren mit 100 bzw. 125 Kubik gesetzt. Das leistungsstarke Aggregat war aber von KTM nochmals kräftig überarbeitet worden, was durch einen Sticker »KTM Tuning« deutlich gemacht wurde. Diese beiden Maschinen wurden auch von John Penton in den USA als »Berkshire« bzw. »Six Day« verkauft, wobei die einzigen Unterschiede zu den Modellen für den europäischen Markt in den Farben bestanden – hier war die 100er grün, die vergleichbare »Berkshire« war rot, bei den 125ern war es genau umgekehrt – die »Six Day« war grün, die »125 GS« rot. Eine »125 MC« für Motocross-Rennen unterschied sich von der straßenzulassungsfähigen Geländesportmaschine anfangs nur durch die fehlende Beleuchtung.

Auch die Entwicklung des KTM-Sportmotors lief auf Hochtouren. Der mit 175 cm³ projektierte Motor sollte Basis für eine Palette größerer Hubräume bis hin zur Halbliterklasse bilden, entsprechend waren die Bauteile dimensioniert. Während schon früh auch hubraumstärkere Versionen bei Motocross-Rennen in Österreich auftauchten, erfolgte eine Markteinführung zunächst nur der kleinsten 175 cm³-Geländesportmaschine, die in Europa als »175 GS« und in den USA als »Penton Jackpiner« verkauft wurde. Diese hatte allerdings abgesehen vom Namen keine Gemeinsamkeiten mehr mit der von John Penton entwickelten »Jackpiner« mit dem 150er Sachs-Motor.

▸ *Eine 125 GS von 1973 in selten schönem Originalzustand in der KTM-Museumswerkstatt. Der kleine Tank war damals ein populäres Nachrüstteil.*

▴ *1971 war der neu entwickelte Motor mit 175 cm³ zunächst nur für den Geländesport erhältlich. (Foto: Leo Keller)*

▴ *Das Fahrgestell der neuen 175 GS entsprach den kleineren Versionen mit 100 bzw. 125 cm³-Sachs-Motoren. Foto von 1971.*

▲ *Eine frühe 250 MC von 1973 in der KTM Motohall. Der völlig ungedämpfte Auspuff mit gerade einmal fingerdickem Endröhrchen sorgte für eine imposante Klangkulisse. (Foto: Leo Keller)*

1972 folgte dann als nächste Ausbaustufe die 250 cm^3-Version für Motocross und den Geländesport. Zunächst waren die Maschinen gelb, später wurden sie in Rot ausgeliefert. Die US-Version bekam traditionsgemäß wieder einen Namen statt einer simplen Modellbezeichnung: »Hare Scrambler«.

Als Glücksfall erwies sich der Kontakt zu Fahrern des russischen Motocross-Teams: Als beim niederländischen WM-Lauf in Markelo der Transporter mit den CZ-Maschinen der russischen Fahrer entwendet wurde, bot KTM-Rennleiter Erwin Lechner den Russen in einer sportlichen Geste die KTM-Trainingsmaschinen an. Wie die Geschichte weiterging, ist bekannt – Vladimir Kavinov beeindruckte mit guten Leistungen, 1973 gewann Guennadi Moiseev beim jugoslawischen Motocross-Grand Prix seinen ersten WM-Lauf für KTM, ein Jahr

▲ *Die »Penton Hare Scrambler« war die US-Ausführung der 250 GS. (Foto: Heinz Mitterbauer)*

▲ »Keller liebt euch«: Humorvolle Werbung von 1973 des damaligen französischen KTM-Importeurs – die Namensgleichheit mit dem Autor ist rein zufällig.

▲ Der von KTM überarbeitete Sachs-Motor leistete in der 100 cm³-Ausführung 16 PS, die 125er Ausführung lieferte 1974 stramme 19,5 PS.

▲ Bei der 125 MC fanden die Techniker durch einen speziell abgestimmten Auspuff nochmals ein halbes PS.

später wurde er Weltmeister auf KTM. Das war auch das Jahr des ersten großen Erfolges im Geländesport: Imerio Testori vom italienischen Farioli-Team wurde Halbliter-Europameister (die Enduro-Weltmeisterschaft gibt es erst seit 1990).

Bis 1974 waren die Fahrwerke übrigens noch recht konventionell, doch dann begann das Experimentieren mit der Hinterradfederung – zunächst rückten die Federbeine auf dem Schwingenholm immer weiter nach vorne, um einen größeren Federweg an der Hinterachse bei möglichst geringer Sitzhöhe zu ermöglichen, im zweiten Schritt wurden sie immer schräger bis zu einem Winkel von annähernd 45° gestellt.

Die Ära der potenten kleinen Sachs-Motoren neigte sich zur Mitte des Jahrzehnts langsam dem Ende zu. Bei der Sechstagefahrt 1974 im italienischen Camerino startete der Österreicher Johann Sommerauer auf einem Hercules-Prototypen mit Siebengang-Sachs-Motor, der 1976 auf den Markt kommen sollte. Geplant waren Motoren von 125 bis 350 Kubikzentimeter Hubraum. Etwa ein Jahr vor dem offiziellen Erscheinungstermin erhielten die Sachs-Kunden, so auch KTM, Vorserienmotoren zum Testen und zur Anpassung an die eigenen Fahrgestelle. Aus eigener Erfahrung weiß der Autor über die anfänglichen Schwachstellen des neuen Sachs-Motors, insbesondere in der

▲ *175 GS und 250 GS waren bis auf den Hubraum und die Leistung (26 PS/34 PS) im Wesentlichen baugleich.*

▲ *Hochstapler: Die 400 MC hatte nur 352 cm³, doch die genügten, um 1974 in der Halbliterklasse zu starten. Das schrägstehende hintere Federbein stützte sich gegen ein dickes Ovalrohr ab und ermöglichte 80 mm mehr Federweg als bei der 250 MC.*

125 cm³-Version. Während ein Primärkickstarter, der das Starten des Motors auch bei eingelegtem Gang ermöglichte – im schweren Gelände ein nicht zu unterschätzender Vorteil – und das horizontal teilbare Gehäuse zu den unbestrittenen Vorzügen der Neukonstruktion zählten, gehörten gerade bei der Achtellitermaschine ein sehr hohes Gewicht und eine extrem spitze Motorcharakteristik, die verwertbare Leistung praktisch nur bei Vollgas bot, zu den offensichtlichen Nachteilen. Daher war die Entscheidung von KTM, mit einem eigenen Motor den Sechsgang-Sachs-Motor abzulösen, nachvollziehbar. Dass der KTM-Motor dem Siebengang-Sachs überlegen war, zeigte sich 1976, als der Italiener Alessandro Gritti Europameister wurde und Harald Strößenreuther die 125er Klasse bei der Sechstagefahrt im österreichischen Zeltweg gewann.

◂ *Die auffälligste Änderung der 1975er MC-Modelle war eine neue Telegabel und eine überarbeitete Anlenkung des hinteren Stoßdämpfers, um noch mehr Federweg zu erhalten.*

Wachablösung: 1976 ersetzte der neue KTM-Motor die kleinen Sechsgang-Sachs-Motoren.

Nur zehn Jahre nach dem ersten Penton-Prototypen war KTM mittlerweile die unangefochtene Nummer 1 im europäischen Geländesport. Bei Geländefahrten in Deutschland saß meist mehr als die Hälfte aller Teilnehmer auf KTM-Maschinen. Dazu hat mit Sicherheit auch das Engagement des Importeurs Toni Stöcklmeier beigetragen, der ein eigenes Team stellte und 1976 gleich in drei Klassen die Deutsche Geländemeisterschaft gewann.

Der Rahmen der überarbeiteten 1977er Modelle unterschied sich von den Vorgängermodellen im Wesentlichen durch ein mächtiges Profilblech als Rahmenrückgrat, durch das die Ansaugluft geführt wurde, übrigens ähnlich, wie das 1970 bereits bei den »high breather«-Rahmen von Penton der Fall war. Dazu war die Hinterradfederung der nun als »GS 6« (Geländesport Sechsgang) bzw. »MC 5« (Motocross Fünfgang) bezeichneten Maschinen nochmals kräftig überarbeitet worden, so dass der Federweg am Hinterrad für damalige Verhältnisse unglaubliche 240 Millimeter betrug. Erstmals waren die KTM im Jahr 1978 aufgrund ihrer Farbgebung schon von weitem zu erkennen. Während bei den meisten Motorrädern jener Zeit die Rahmen silbergrau lackiert waren, setzte KTM nun auf ein kräftiges Rot-Orange und weiße Verkleidungsteile. Die Farbgebung kann allerdings nicht als Vorläufer des heutigen »KTM Orange« angesehen werden, das erst 1996 eingeführt wurde.

KTM blieb bei den MC-Modellen 1977 dem hochgelegten Auspuff treu, auch wenn viele Konkurrenten andere Lösungen bevorzugten.

Als Besonderheit bedürfen die 50er KTM-Geländemaschinen einer Erwähnung, obwohl sie nicht in Mattighofen, sondern bei Heinz Brinkmann in Bottrop entstanden sind, allerdings mit tatkräftiger Hilfe des Werks, das Rahmenbauteile zulieferte.

Heinz Brinkmann war einer jener Jockeys, die über Jahre hinweg die Fünfziger-Klasse im Geländesport dominierten. Der Gesamtsieger der »Valli Bergamasche« 1965, Trophy-Gewinner bei den »Sei Giorni« 1968 im italienischen San Pellegrino und fünfmalige Deutsche Geländemeister in der 50 cm^3-Klasse baute ab 1977 eine Kleinserie von Geländesport- und Moto-cross-Fünfzigern, zunächst mit luftgekühltem Sachs-Motor, ab 1978 mit Wasserkühlung. Mit einer solchen »KTM 50 GS« beendete Brinkmanns jüngerer Bruder Bernhard 1980 die 14 Jahre andauernde Vorherrschaft von Zündapp und gewann für KTM die letztmalig ausgetragene 50 cm^3-Meisterschaft für KTM – eine Meisterschaft quasi für die Ewigkeit.

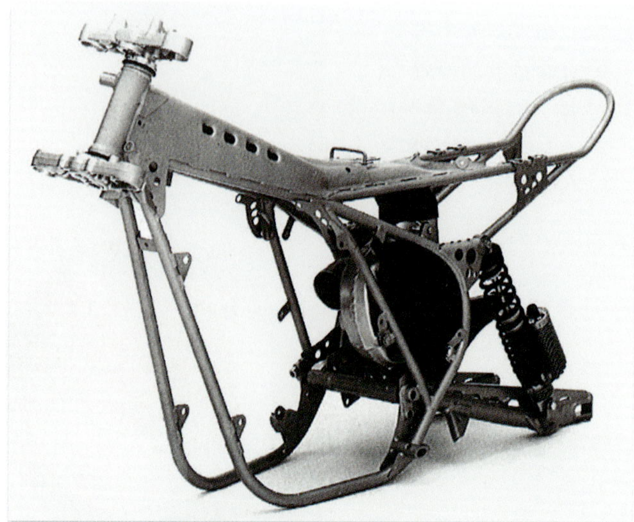

Der GS 6-Rahmen unterschied sich vom MC 5 durch ein geschlossenes Rahmenheck und ein geschlossenes Oberrohr, aus dem die Ansaugluft staubgeschützt zum Luftfilter gelangen konnte.

1978 wurde die käufliche 250 MC 5 als »die Weltmeister-Maschine« beworben, weil in ihr viel Erfahrung von Guennadi Moiseevs WM-Bike von 1977 steckte.

Die verschiedenen GS-Modelle waren bis auf den Hubraum baugleich. Es gab sie als 250er, 350er und 500er, wobei die Halblitermaschine gerade einmal 355 cm³ hatte.

Mit einer Leistung von 24 PS war die 125 MC 5 der japanischen Konkurrenz knapp auf den Fersen.

▲ *Die Anpassung des wassergekühlten Sachs 50 LC aus den straßentauglichen Kleinkrafträdern für den Geländesport erforderte viel Feinarbeit. (Foto: Leo Keller)*

▸ *Steinschlaggeschützer Wasserkühler aus gerippten Alu-Rohren, 1978. (Foto: Leo Keller)*

▲ *Abgesehen von Beleuchtung und Schalldämpfer unterschied sich die 125 GS 80 von der MC im Wesentlichen nur durch die Stahl- statt Aluschwinge.*

▲ *Die drei GS-Typen unterschieden sich, natürlich abgesehen vom Hubraum, auch in der Größe des Hinterreifens: Bei der 250 bzw. der 400er war er größer als bei der 175er.*

HANDLICHKEIT IST TRUMPF – NEUE FAHRGESTELLE FÜR DIE GS/MC 80-MODELLE

Nochmals kräftig überarbeitet wurden die 1979er Modelle, die im Hinblick auf die vor der Tür stehenden 1980er Jahre »GS 80« bzw. »MC 80« genannt wurden. Waren bisher die meisten Motocross-Maschinen abgespeckte Varianten der entsprechenden zulassungsfähigen Geländemaschinen gewesen, so änderte sich das nun. Diese Entwicklung zeichnete sich schon seit einigen Jahren ab, denn die Sonderprüfungen bei den Geländefahrten wurden verstärkt auf winkligen Wiesenkursen abgehalten, wo der Kampf um Sekunden immer mehr den Charakter von Motocross-Prüfungen angenommen hat: Das hier verlangte Maß an Handlichkeit passte immer weniger zu den für Geländefahrten typischen Verbindungsetappen über Feld- und Waldwege, wobei die »GS 80«-Modelle nun den Rahmen der entsprechenden Motocross-Modelle erhielten. Unterschiede fanden sich in der Schwinge: Die Crosser hatten eine Alu-Kastenschwinge, die Geländemaschinen setzten auf eine Stahlrohrkonstruktion. KTM bot die neuen Modelle für alle im Geländesport relevanten Hubraumklassen von 125 cm³ an, die »MC 80« gab es sogar in zwei unterschiedlichen Halbliter-Versionen: Während die hubraumschwächere »400 MC« recht zahme 42 PS leistete, waren es bei der parallel dazu angebotenen »420 MC« (85 mm Bohrung, 74 mm Hub) immerhin brutale 52 PS, die schon nach einem erfahrenen Piloten verlangten.

▲ *Mit 52 PS bei gerade einmal 104 kg Gesamtgewicht erforderte die 420 MC 80 einen ausgesprochen erfahrenen Piloten.*

1979 gab es darüber hinaus ein kleines Jubiläum zu feiern: in Mattighofen wurde der 50.000. Sportmotor montiert.

OFFROADER DER ANDEREN SORTE: ERSTMALS AUCH TRIAL-MOTORRÄDER

1975 wurde klar, dass Erich Trunkenpolz künftig neben Gelände- und Motocross-Modellen auch eine Trial-Maschine anbieten wollte, um den Markt nicht den bis dahin dominierenden spanischen Herstellern zu überlassen. Dazu versicherte er sich der Mithilfe von Walther Luft, einem österreichischen Trialisten der Spitzenklasse und renommierten Erbauer von Trial-Fahrgestellen. Das Ergebnis dieser Zusammenarbeit war im Sommer 1976 in Gestalt einer KTM mit markanter Trial-Bereifung zu bestaunen. Die knapp 100 Kilogramm wiegende Maschine mit 240 cm³ Hubraum sollte etwa 17 bis 18 PS leisten – eine beachtliche Leistung, aber die Konkurrenz hatte aufgerüstet: Etwa zur gleichen Zeit hatte Sachs-Tochter Hercules den Techniker Heinrich Wieditz, der viele Jahre für die fast unschlagbaren Zündapp-Geländemaschinen verantwortlich war, nach Nürnberg abwerben können. Innerhalb kürzester Zeit brachte er die flügellahmen Werksmaschinen wieder auf Vordermann. Ganz besonders in Italien machten die erstarkten Nürnberger Werksmaschinen nun den Stars des Farioli-KTM-Teams das Leben schwer. Doch KTM war nicht gewillt, seine Trial-Ambitionen so schnell wieder zu begraben und schaffte es, Wieditz nach Mattighofen zu holen, wo er sich mit der Weiterentwicklung der Trialmaschine befasste. Wieditz nutzte dabei wegen der größeren Schwungmasse die 400er Kurbelwelle, was zu einem Hubraum von 325 cm³ führte und der Maschine die Bezeichnung »T 325« bescherte. Die Trial-KTM wurde von Walther Luft und von Felix Krahnstöver aus Celle eingesetzt, der damit 1978 die Deutsche Trial-Meisterschaft gewann. Gerade einmal vier Exemplare dieser handgefertigten Rarität wurden gebaut, soweit das heute nachvollziehbar ist. Zu der ursprünglich beabsichtigten Serienfertigung kam es jedoch nicht. Heinrich Wieditz hielt es nicht lange bei KTM, er verließ Österreich wieder in Richtung Deutschland und war später dann an der Entwicklung des 1350 PS starken 1,5-Liter Turbomotors von BMW beteiligt, mit dem Nelson Piquet 1983 die Formel 1-Weltmeisterschaft gewann.

Die von Heinrich Wieditz gebauten Trial-Maschinen hatten 325 Kubik. Felix Krahnstöver gewann damit 1978 die Deutsche Trial-Meisterschaft.

◂ *Teilzerlegte Sachs-GS-Motoren vor der Umrüstung nach Penton-Vorgabe.*

▾ *John Penton, der Sportler. Der blaue Helm zeichnet ihn als Six Days-Teilnehmer aus*

JOHN PENTON – EIN GLÜCKSFALL FÜR KTM

Ein eigenes Kapitel gebührt John Penton, der Ende der Sechziger wichtige Impulse dafür gab, dass KTM Geländesport- und Motocross-Maschinen in Serie produzierte und so zum Weltmarktführer wurde. Ohne John Penton wäre die Geschichte von KTM mit Sicherheit ganz anders verlaufen. Möglicherweise hätte KTM das Schicksal von einst bekannten Marken wie Hercules, Kreidler oder Zündapp geteilt, die es heute nur noch in der Erinnerung gibt.

John Penton wurde am 19. August 1925 in Amherst/Ohio geboren und noch zu Lebzeiten zur Legende. In den USA gehörte er zu den Pionieren des Endurosports und nahm als einer der ersten Amerikaner schon in den frühen 1960er Jahren an Sechstagefahrten teil, so auch 1962 beim 37. Int. Six Days Trial in Garmisch-Partenkirchen. Penton gewann auf seiner 250er Einzylinder-BMW damals eine Silbermedaille. Die Sechstagefahrt in Garmisch wurde aber nicht wegen seines Erfolgs für John Penton zum Schlüsselerlebnis, sondern weil er bei dieser Gelegenheit die deutsche Silbervasen-Mannschaft, die mit vier

Der erste Prototyp von Ende 1967 – noch ohne Penton-Emblem auf dem Tank und mit Sachs-Vorserienmotor.

kleinen Zweitaktern von Kreidler, Victoria und Zündapp mit zusammen gerade einmal 275 cm³ Hubraum die begehrte Trophäe errungen hatte, traf. Wurde in Pentons Heimat der Geländesport überwiegend mit schweren Viertaktern betrieben, so sehr glaubte er, dass auch mit viel kleineren Hubräumen im Geländesport Erfolge zu erzielen waren. Er selbst setzte ja schon auf kleinere Maschinen wie die 250er BMW oder eine 175er NSU, stieg dann aber auf eine leichtere Husqvarna um. Diese schwedische Marke führte Penton sowieso schon in seinem Motorradgeschäft und verhandelte nach dem Gewinn des schweren »Jackpine Enduro« wegen eines Kontrakts als Generalimporteur für die amerikanische Ostküste. Die Initiative war von den Schweden ausgegangen, doch Penton forderte von ihnen für den US-Markt eine leichte Zweitaktmaschine mit maximal 125 Kubik – was Husqvarna ablehnte. Daraufhin machte er sich auf die Suche nach einem anderen Hersteller.

Wer weiß, wie die KTM-Geschichte verlaufen wäre, wenn Husqvarna damals Pentons Wunsch nach einem Achtelliter-Motor erfüllt hätte… So aber hat, Ironie der Geschichte, KTM 2013 Husqvarna übernommen und produziert die schwedischen Motorräder auf den gleichen Produktionslinien in Mattighofen wie die KTM-Modelle.

Nach über fünfzig Jahren noch im Originalzustand: eine Penton Six Day von 1968. (Foto: Kevin Grimes)

Eine Penton Six Day von 1969, zu erkennen am runden Luftfiltergehäuse. (Foto: Leo Keller)

Auf die österreichische Marke wurde Penton 1967 während der Sechstagefahrt im polnischen Zakopane in der Hohen Tatra aufmerksam. Er war Mitglied des amerikanischen Silbervasenteams, das auf Husqvarna am Wettbewerb teilnahm. Neben ihm selbst, der eine 500er fuhr, Leroy Winters und Malcolm Smith gehörte auch Bud Ekins zur Mannschaft, der durch seinen spektakulären Sprung mit dem Motorrad über den Zaun eines Kriegsgefangenenlagers im Film »Gesprengte Ketten« als Double von Steve McQueen Weltruhm erlangt hatte.

▲ John Penton, der Geschäftsmann. (Foto: Penton privat)

▲ Nicht alle Penton innerhalb eines Baujahres waren gleich. Während hier der zweiteilige Auspuff angebaut ist, war dieser bei späteren Modellen einteilig. Aufnahme von 1970.

Am Rande dieser Six Days kam Penton mit dem KTM-Werksfahrer Siegfried Stuhlberger ins Gespräch, der auf einer 50 cm³-KTM startete, also genau auf einem jener kleinen Motorräder, die Penton schon 1962 fasziniert hatten. Stuhlberger lud John Penton nach Mattighofen ein, wo dieser Erich Trunkenpolz seine Vorstellungen von einem kleinvolumigen, leistungsstarken und qualitativ hochwertigen Geländemotorrad schilderte. Es sollte mit 100 und mit 125 cm³ sowohl in einer Enduro- als auch in einer Motocross-Version gebaut werden. Trunkenpolz war zwar interessiert, aber nach den eigenen Erfahrungen im USA-Geschäft anfangs sehr skeptisch. Erst als Penton anbot, für einen Prototypen 6000 US-Dollar zu bezahlen, was etwa dem Zehnfachen des damals zu realisierenden Verkaufspreises entsprach und der Handel für Trunkenpolz keinerlei Risiko barg, willigte dieser ein. Wenige Wochen später traf sich John Penton auf dem Mailänder Motorradsalon mit Erich Trunkenpolz und Kalman Cseh, der bei KTM für die Auslandsgeschäfte zuständig war. Auf der Messe wurden die Anbauteile für Pentons Wunschmotorrad zusammengestellt und der Rahmen ausgewählt. Auf der Einkaufsliste stand eine Ceriani-Telegabel, die aber – anders als die Gabeln der in Zakopane eingesetzten Werksmaschinen der Zweirad Union – stabile 35 statt 28 Millimeter Holmdurchmesser aufwies. Auch die hinteren Federbeine stammten von Ceriani, dazu kamen Oldani-Bremsen, Alu-Felgen und Kotflügel, hochwertige Magura H 48-Hebel, also die besten damals verfügbaren Komponenten. Für den Antrieb wurde der brandneue Sachs-Motor Typ 1251/5 ausgesucht, den es alternativ mit einer geringeren Bohrung auch mit 100 Kubik gab.

▲ Erich Trunkenpolz 1970 auf einer Penton Six Day in Motocross-Ausführung.

▲ *Die 100 cm³-Berkshire war am roten Tank zu erkennen und unterschied sich ansonsten nur durch eine 6 Millimeter geringere Bohrung von der Six Day. (Foto: VMX Magazin)*

Im Dezember 1967 kam dann ein fahrfertiger Prototyp in Ohio an, Pentons erste Bestellung für zehn weitere Maschinen ging quasi postwendend nach Mattighofen ab. Als diese Maschinen am 7. März 1968 in den USA eintrafen, wurden sie gleich verladen, um noch am gleichen Wochenende ohne vorherige Erprobung beim schweren »Stone Mountain National Enduro« in Georgia, zu starten. Mit mehreren Klassensiegen und guten Platzierungen schlug sich die Penton-Truppe hervorragend – eine tolle Werbung für die Marke.

Gleich bei der ersten Veranstaltung machte sich aber die Achillesferse des neuen Sachs-Motors bemerkbar. Gerade im Gelände ließ sich das Ziehkeilgetriebe nicht präzise schalten. Ohne großes Zögern wurden darauf in der Penton-Werkstatt Muster für eine verbesserte Schaltung gebaut und nach Österreich geschickt, wo alle Sachs-Motoren vor dem Einbau in das US-Modell mit den verbesserten Teilen ausgerüstet wurden.

▲ *Die in Europa verkauften Penton-Modelle waren nur in Motocross-Ausführung lieferbar. Beleuchtung und Schalldämpfer gab es aber als Zubehör zum Nachrüsten.*

▲ *Zylinder mit 152 cm³ Hubraum, eine Penton-Konstruktion für die 175 cm³-Klasse. (Foto: Leo Keller)*

▲ *Gehütet wie ein Schatz – die allerersten Penton-Modelle mit den Fahrgestell-Nummern 1, 2 und 3 (von links). (Foto: Penton Owners Group)*

Schon 1968 nahm Penton 1000 Maschinen mit 100 und 125 cm³ ab. Von solchen Stückzahlen wagten die deutschen Hersteller wie Hercules oder Zündapp nicht einmal zu träumen.

Die Penton-Motorräder trugen keine simplen Typbezeichnungen wie beispielsweise »100 GS« oder »125 GS«. Doug Wilford, ein Penton-Mitarbeiter der ersten Stunde, erinnerte sich, dass es John Pentons Entscheidung war, den Motorrädern »richtige Namen« zu geben. Die meisten Hersteller, die in jener Zeit an der Sechstagefahrt teilnehmen, bauten ja spezielle Sixdays-Modelle, die den Strapazen der harten sechs Tage besser gewachsen waren, erkannten aber nicht das Marketingpotenzial dieses Namens. Penton schon. Getreu der Devise »Win on Sunday, sell on Monday« vermarktete er seine Serien-125er mit dem Zusatz »Six Day« und hatte großen Erfolg. Daher benannte er die Hunderter nach einer populären Veranstaltung in Massachussetts »Berkshire« und die spätere 175er nach einem Enduro-Wettbewerb in Michigan »Jackpiner«: Dass KTM 1969 seinen Umsatz um ein Viertel steigern konnte, war zum überwiegenden Teil auf die Verkaufserfolge der Penton-Maschinen zurückzuführen. Auch in der europäischen Geländeszene sprachen sich Pentons Erfolge herum. Viele Wettbewerbsfahrer wollten eine derartige Maschine haben, was dazu führte, dass die Penton auch hierzulande verkauft wurde. Sie hieß »KTM Penton 125« und war allerdings nur in einer nicht zulassungsfähigen Motocross-Ausführung zu haben. Wer die Penton im Geländesport einsetzen wollte, bekam ein optionales Paket mit Beleuchtung, Schalldämpfer und Mittelständer, musste sich jedoch selbst um die Zulassung kümmern. Trotz aller Erfolge dürfte das Verhältnis zwischen Erich Trunkenpolz und John Penton nicht immer ungetrübt gewesen sein – auf der einen Seite der erfolgreiche Visionär aus Ohio, auf der anderen Seite der kaufmännisch denkende KTM-Chef, der mit der »Hansa« gerade erst seine eigenen Erfahrungen auf dem amerikanischen Markt gemacht hatte.

Als Penton wegen des großen Erfolges die Reihe mit einem 175 cm³-Modell nach oben erweitern wollte, Fichtel & Sachs aber keinen entsprechenden Motor im Programm hatte, regte er bei KTM den Bau eines eigenen Motors an. Dort aber stieß er zunächst auf wenig Begeisterung, denn schließlich war KTM von Anfang an ein Konfektionär gewesen, der zugekaufte Motoren von Rotax, Puch oder Sachs in eigene Fahrgestelle einbaute. Die Zurückhaltung von Erich Trunkenpolz, einen eigenen Motor zu entwickeln, war also durchaus nachvollziehbar.

Doch Penton ließ nicht locker und baute selbst einen Prototypen mit einem Motor, der ausgerechnet vom Hauptkonkurrenten Puch stammte. Die Befürchtung, man könne Penton als Großkunden an die österreichische Konkurrenz verlieren, war dann ausschlaggebend dafür, dass in Mattighofen Anfang 1970 mit der Entwicklung eines eigenen 175 cm³-Motors begonnen wurde, der den Grundstein für weitere hubraumstärkere Maschinen bis hin zur Halblitermaschine legen sollte. Um die Zeit bis zur Serienreife zu überbrücken, konstruierte Penton einen eigenen Zylinder mit der 54-mm-Kurbelwelle der Sachs-Motoren, was einen Hubraum von 152 cm³ ergab und als »Jackpiner« in der 175er Klasse eingesetzt werden konnte. Die »Jackpiner« mit Puch-Motor blieb ein Einzelstück, allerdings existieren mittlerweile Nachbauten dieses Prototypen.

KTM brachte den eigenen Motor, der in einem neu entwickelten Fahrgestell mit Doppelschleifenrahmen aus Chrom-Molybdänrohren zu finden war, schnell zur Serienreife. Die 100 bzw. 125 cm³-Modelle bekamen ebenfalls das neue Fahrgestell. Es blieb aber bei den bewährten Sachs-Motoren, nun mit Sechsgang-Getriebe.

Anders als bei der ursprünglichen Penton-Konstruktion fasste KTM nun von Anfang an auch den europäischen Markt ins Auge, wo der Geländesport in den frühen 1970er Jahren rasch an Popularität gewann und bei manchen Wettbewerben 200

▾ *John Penton (r.) und Kalman Cseh (l.) verbindet eine jahrzehntelange Freundschaft. Cseh zeigt zum 40. Penton-Jubiläum 2008 einige Erinnerungen. (Foto: Penton Owners Group)*

Starter keine Seltenheit waren. Der Vertrieb in Europa erfolgte über nationale Importeure, in Deutschland teilten sich Toni Stöcklmeier aus Amberg und Helmut Staab aus Aschaffenburg den Vertrieb der Wettbewerbsmaschinen, während die Palette der Mopeds und Kleinkrafträder von einer KTM-eigenen Vertriebsgesellschaft in Simbach am Inn nach Deutschland gebracht wurde.

Weil John Penton an der Entwicklung der neuen Maschinen nicht mehr maßgeblich beteiligt war, trugen sie von Anfang an das KTM-Logo auf dem Tank, der Penton-Schriftzug auf den Gehäusedeckeln einer Vorserienmaschine verschwand schnell wieder, so dass auch hier das KTM-Oval dominierte. Nur die von John Penton in den USA vertriebenen Maschinen wurden noch bis 1977 mit dem Penton-Label verkauft, bevor KTM den Import in die USA selbst übernahm. Zehn Jahre, nachdem John Penton und Erich Trunkenpolz per Handschlag die Produktion kleiner Maschinen vereinbart hatten, verschwand die Marke aus den Schaufenstern und Ergebnislisten. Alle Motorräder wurden fortan von der »KTM America Inc.« in Lorain / Ohio ausschließlich als KTM verkauft.

Pentons »Steel Tanker« (die ursprüngliche Penton-Entwicklung, so genannt wegen des runden Stahlblechtanks im Gegensatz zu den GFK-Tanks der späteren KTM-Modelle) haben auch heute noch, nach über einem halben Jahrhundert, eine große Fangemeinde, weil ungezählte amerikanische Geländesportfreunde ihre ersten Erfahrungen auf »Berkshire«, »Six Day« oder »Jackpiner« machten und viele schöne Erinnerungen für sie daran hängen. Die monatlichen Treffen der »Penton Owners Group« in der Milan Avenue in Amherst, dem Sitz von KTM North America Inc., sind immer gut besucht.

Unbestritten nimmt John Penton in der Geschichte von KTM einen wichtigen Platz ein. John Penton war es, der mit seinem Auftrag den Stein ins Rollen brachte und bei KTM Wettbewerbsmaschinen in Großserie bauen ließ. Und John Penton war es auch, der den Anstoß für den Bau eines eigenen Sportmotors gab, mit dem schon wenige Jahre später die Weltmeisterkrone in der 250 cm³-Motocross-Klasse nach Mattighofen geholt werden konnte.

Den großen Respekt, den der heutige KTM-Vorstand dem damals 93-jährigen bei der feierlichen Eröffnung der KTM Motohall im Mai 2019 zollte, war für John Penton sichtlich eine große Genugtuung.

▲ *John und Sohn Jack Penton bei der Eröffnung der KTM Motohall im Jahre 2019. Im Hintergrund eine Penton Six Day. (Foto: Penton privat)*

▲ *Frühes Penton-Logo in Anlehnung an das KTM-Oval.*

▲ *Das nochmals erweiterte Werksgelände im Jahre 1982.*

SIEGE UND NIEDERLAGEN (1980–1991)

KTM startete mit Schwung ins neue Jahrzehnt. Guennadi Moiseev hatte drei Motocross-Weltmeisterschaften gewonnen und auch in der Gelände-Europameisterschaft lehrte KTM die bisherigen Platzhirschen das Fürchten. Nicht weniger als acht Europameisterschaften errangen die Fahrer des italienischen Farioli- und des deutschen Stöcklmeier-Teams.

DIE ACHTZIGER JAHRE: DIE GELBE GEFAHR

Anfang des Jahrzehnts ergab sich für KTM-Chef Erich Trunkenpolz die Möglichkeit, KTM wieder komplett in Familienbesitz zu überführen, denn ZKW trennte sich von seinen Anteilen. Trunkenpolz griff zu.

MIT 50ERN UND 80ERN GEGEN DIE JAPANISCHE FLUT

Als 1980 die neue Leichtkraftradklasse mit damals maximal 80 cm³ und einer bauartbedingten Höchstgeschwindigkeit von 80 km/h auf die Straßen kam, wurde KTM genauso wie die deutschen Hersteller von den Japanern kalt erwischt. Während Honda oder Yamaha preiswerte luftgekühlte Achtziger anboten, weil sie diese problemlos aus ihren 125ern ableiten konnten, versuchten die europäischen Hersteller mit technisch hochgerüsteten wassergekühlten Modellen, die natürlich ihren Preis hatten, dagegen zu halten. In der Folge verloren sie erhebliche Marktanteile an die japanischen Firmen. Ein gutes Bei-

▸ *Das Pony-Mofa gab es in unterschiedlichen Ausführungen. Die Besonderheit war die Triebsatzschwinge, der an der Schwinge befestigte Motor federte also mit und hielt die Kettenspannung konstant. Modell 1983.*

▾ *Ein Mofa im Motorrad-Look. Das Sport-Mofa 25 (hier von 1983), in der Ausführung SM 25 L sogar mit Cockpitverkleidung, hatte sich weit von der ursprünglichen Mofa-Idee entfernt.*

spiel, zu welchen im Grunde genommen verzweifelten Konzepten die Europäer damals in ihrer Not griffen, ist die discoblaue »KTM 80 Chopper«. Zur Ehrenrettung von KTM sei gesagt, dass auch andere Hersteller versuchten, mit Softchoppern den japanischen Siegeszug aufzuhalten und damit grandios scheiterten: Kreidler strich 1981 die Segel, Zündapp musste 1984 Konkurs anmelden, die Nürnberger Hercules-Werke hielten sich eine Zeit lang mit Fitness-Geräten über Wasser. KTM hatte zumindest mit den Wettbewerbsmaschinen noch ein zweites Standbein.

Im Programm der Österreicher fand sich zu Beginn der 1980er Jahre noch eine umfangreiche Palette von Mofas und Mopeds in zahllosen Varianten, die technisch wenig Neues boten. Sie hießen »Pony« (im Gegensatz zum »Ponny II«-Roller mit nur einem »n« geschrieben), »Okay«, »Duo«, »Quattro«, »Hobby« oder schlicht »Mofa 505«. Dazu kam als Spitzenmodell das »SM 25«. Dieses verfügte über einen Dreigangmotor und hatte einen Doppelschleifenrahmen, das »SM 25 L« wies sogar noch eine Cockpitverkleidung auf. Diese Attribute rechtfertigten wohl die Bezeichnung »Sportmofa 25«. Zweifelsohne handelte es sich um ein sehr hochwertiges Fahrzeug, belegte aber auch, wie weit sich KTM von der ursprünglichen Idee des Mofas, nämlich eines maximal 25 km/h schnellen, einfachen »Fahrrads mit Rückenwind« entfernt hatte.

Auch die Leichtkrafträder waren hochwertig, aber teuer. Die luftgekühlten Modelle »80 RL« bzw. »80 RS«, die über Scheibenbremsen verfügten sowie deren wassergekühlte Pendants »80 RLW« und »80 RSW« waren technisch über jeden Zweifel erhaben. Neben den bewährten Sachs-Motoren gab es für den Beifahrer sogar den Luxus rahmenfester Soziusrasten. Dazu gesellte sich die Enduro-Version »Bora« in gleich drei Varianten: als 80er, als Mokick und als führerscheinfreies Mofa »Bora 25«.

▲ *Das Leichtkraftrad Comet 80 von 1982 gab es in unterschiedlichen Ausführungen mit Scheiben- oder Trommelbremse und luft- bzw. wassergekühltem Motor.*

▼ *Der Puch-Motor mit dem liegenden 50 cm³-Zylinder blieb auch nach 1980 noch zunächst weiter im Programm.*

Aufgrund des Kostendrucks musste KTM dann doch den Rotstift ansetzen. Während die neuen Modelle »Comet 40 PL«, »Comet 50 PL« und »Comet 80 PL« wie die Wettbewerbsmaschinen mit einer Monoshock-Hinterradfederung (»Pro Lever«) ausgestattet waren, gab es auch abgespeckte Versionen mit konventioneller Hinterradfederung, offen laufender Kette und fehlender Cockpitverkleidung. Bei den Mokick-Modellen vertraute man nun auf italienische Viergang-Minarelli-Motoren, während die »Comet 50« noch den bewährten Sachs-Motor hatten.

Mitte der 1980er Jahre versuchte KTM, dem schwächelnden Mokick-Markt neue Impulse zu geben. Daher entstanden das Enduro-Mokick »50 GXE« sowie die »offene« »50 GXR«, mit dem motorsportbegeisterte (vor allem österreichische) Jugend angesprochen werden sollten, denn sie erinnerten an Heinz Kinigadners Meister-Maschine, zumindest optisch. Ein roter Rahmen, weiße Verkleidungsteile und eine blaue Sitzbank, so ganz wie Kinis Weltmeister-KTM von 1984 aufwies, fuhren wie selbstverständlich mit. Selbst die »1« auf der Startnummerntafel fehlte nicht.

Doch auch für Straßensportler gab es Nachschub: Ähnlich wie ein Jahrzehnt zuvor, als die »Racer« die eher asphaltorientierte Jugend ansprach, gab es mit der »RSV« nun eine Fünfziger mit schnittiger Monocoque-Verkleidung für diejenigen, die ihrem österreichischen Idol Gustl Auinger nacheifern wollten. Unter der Verkleidung indes steckte gewöhnliche Comet-Technik in einfacher T-Ausführung. Wie bereits bei den Basismodellen gab es für Österreich die führerscheinfreie »40 RSV« mit Viergang-Minarelli-Motor, während überwiegend für den deutschen Markt die »50 RSV« mit Fünfgang-Sachs-Motor und 6,5 PS ge-

▲ *Easy Rider aus Österreich: Der KTM Chopper hatte 8,5 PS und war wahlweise mit Luft- oder Wasserkühlung zu haben. Beide Motoren stammten von Sachs, die Ausführung mit 50 cm³ hatte einen Puch-Motor.*

▲ *Im Design der Wettbewerbsmaschinen gehalten, war die Bora, je nach Ausführung, 40, 80 oder auch nur 25 km/h schnell.*

▲ *Die Comet 40 PL bildete 1983 das Flaggschiff unter den KTM-Mokicks. Es verfügte über die Pro-Lever-Schwinge (daher das »PL« in der Verkaufsbezeichnung), eine Verkleidung und einen Kettenkasten.*

▲ *Die Comet 50 PL und die Comet 80 PL waren die Spitzenmodelle der 1983er Comet-Reihe: Wasserkühlung, Verkleidung und Scheibenbremse, dazu die aus dem Wettbewerb stammende Pro-Lever-Schwinge waren ihre Kennzeichen.*

▲ *Traumbike für Kini-Fans – die 50 GXR/GXE im Design der Weltmeistermaschine. Fürs Prospektfoto sprang der Weltmeister 1985 persönlich.*

dacht war. Allerdings wurde die »RSV« kein Verkaufsschlager, wofür insbesondere der hohe Preis verantwortlich war. Von beiden Varianten sind zusammen nicht einmal 400 Exemplare gebaut worden.

1988 schlug dann auch die letzte Stunde für den »Ponny-Roller«. Nach einem Vierteljahrhundert wurde er aus dem Programm genommen – ein echter Dauerbrenner. Bereits zwei Jahre zuvor hatte sich der bei Gilera im italienischen Arcore gebaute Mokick-Roller »50 GSA« aus dem Programm verabschiedet.

▲ *Kleider machen Leute – die verkleidete RSV auf Basis der letzten Comet-Modelle 1986.*

▲ *Adieu Ponny! Nach einem Vierteljahrhundert fiel der immer noch beliebte Ponny II im Rahmen der Sanierungsmaßnahmen 1988 dem Rotstift zum Opfer.*

ZEITENWENDE: NEUE TECHNIKEN BEI DEN OFFROADERN

In jener Zeit wandelte sich auch die Technik der Geländesportmaschinen. Dieser Umbruch brachte ein neues Reglement und damit einhergehend eine Neugliederung der Wettbewerbsklassen, die aus dem klassischen Geländesport den Endurosport moderner Prägung machten. Motorenseitig hatte man die Grenzen des simplen schlitzgesteuerten Zweitakters erreicht, so dass mit Membraneinlass, Wasserkühlung und diversen Auslasssteuerungen experimentiert werden musste. Auch fahrwerksseitig mussten neue Wege beschritten werden, um mehr Federweg zu erhalten. Was in den Siebzigern noch durch die Veränderung der Stoßdämpferpositionen möglich war, erforderte nun eine völlige Abkehr von der konventionellen Hinterradfederung mit zwei Federbeinen. Voluminöse Mono-Federbeine im Bereich der Schwingenlagerung, verbunden mit Hebelumlenkungen, ermöglichten sowohl einen längeren Federweg als auch eine deutlich bessere Progression der Federung. Die Japaner gaben die Richtung vor, KTM hielt mit dem eigenen »Pro-Lever«-System dagegen.

Herzstück war der massive, am Rahmen angelenkte Hebel, der am hinteren Ende das Federbein aufnahm. Die Verbindung zur Schwinge stellten zwei kurze Streben her. Das recht umständliche Design der ersten Generation war wegen der zahlreichen Nadellager sehr wartungsintensiv und die Progressionskurve eher linear. 1985 folgte ein überarbeitetes System mit zwei Zugstangen und einem Dreieckshebel, ähnlich wie es heute von KTM und anderen Herstellern verwendet wird. Die zweite Generation bot eine deutliche Steigerung an Progressivität und ein sensibleres Ansprechverhalten.

◄ *Typisch KTM: Die Pro-Lever-Hebelumlenkung der zweiten Generation mit WP-Federbein von 1985.*

▲ *Die 125er für die Saison 1980 war eine komplette Neuentwicklung. Sowohl die GS als auch die Motocross-Ausführung waren sechs Kilogramm leichter als ihre Vorgänger, was im Wesentlichen auf den neuen Membranmotor zurückzuführen war.*

DIE LETZTEN OFFROAD-KLASSIKER

Die 1980er Modelle von KTM waren die letzten Offroad-Maschinen in klassischer Bauart. Luftkühlung, Trommelbremsen und zwei separate Federbeine an der Hinterradschwinge waren traditionelle Baumerkmale, die im Laufe der nächsten Jahre Schritt für Schritt durch Wasserkühlung, Scheibenbremsen und Monoshock-Systeme ersetzt wurden. Bis auf die neue »125 RV«, die einen komplett neu konstruierten Motor mit Nebenschlussmembran erhielt und sowohl in einer Enduro- als auch MC-Version angeboten wurden, entsprachen die größeren Hubräume den Vorjahresmodellen. Auch die Enduros erhielten nun die Aluschwinge der Motocrosser. Nur ein Jahr später folgte bereits eine völlig überarbeitete 125er Motocross-Maschine mit Flüssigkeitskühlung, wobei der Wasserkühler ungewöhnlich hoch vor dem Steuerkopf montiert wurde. Diese erforderte flexible Schlauchverbindungen zum Kühlmantel des Zylinders. Diese Bauweise bewährte sich nicht, weil viel zu anfällig, und verschwand bald wieder: Der Kühler wanderte für 1983 an eine deutlich weniger störanfällige Position vor dem Zylinder. Während die »250 MX« und die »125 GS LC« nun auch über einen wassergekühlten Motor verfügten, blieb es bei der »495 MX« für die Halbliterklasse und den größeren Enduromodellen zunächst noch bei Luftkühlung.

▲ *Die größeren GS-Modelle bekamen nun auch die Aluschwinge der Motocross-Modelle. Abgesehen von Beleuchtung und Schalldämpfer waren sie nun mit den Crossern im Wesentlichen identisch.*

▲ *Die wassergekühlte 125 LC MC mit dem ungewöhnlich hoch platzierten Kühler von 1981 bewährte sich nicht; in der 125 GS arbeitete noch der luftgekühlte Motor.*

▲ *1981 nochmals zugelegt hatten die Federwege bei den Motocrossern. Zum Einsatz kamen Marzocchi-Gabeln und Öhlins-Reservoir-Dämpfer. Die 495 MC kam mit einem Viergang-Getriebe aus.*

▲ Die GS-Modelle mit 350, 390 und 420 cm³ waren im Gegensatz zur 125er noch schlitzgesteuert.

▲ Die 125er GS von 1983 war die erste wassergekühlte KTM-Geländemaschine, die größeren Hubräume blieben zunächst luftgekühlt.

▲ Die GS-Modelle folgten immer mit einer gewissen zeitlichen Verzögerung den Motocrossern. 1984 waren nun auch die 250 GS wie bereits die 125er wassergekühlt, die luftgekühlte 420 GS wurde vorne und hinten über Doppelnocken-Trommelbremsen verzögert.

▲ Mit einer speziell vorbereiteten 250 MX gewann Heinz Kinigadner 1984 die Motocross-Weltmeisterschaft.

◄ Die 250 MX des Modelljahres 1983 war nun auch wassergekühlt, die noch luftgekühlte 495 MX wurde sogar mittels hydraulischer Scheibenbremse gestoppt.

◂ *Für den »witterungsunabhängigen Einsatz« hatte die Militär-250er Gleitkufen. Die wurden auf dem Gepäckträger mitgeführt und bei Bedarf montiert. (Foto: Archiv Nemeth)*

Auf Basis der 250er Enduro entwickelte KTM übrigens, wie bereits in den 1950er Jahren, für das österreichische Bundesheer ein Meldekrad, das auch von anderen Nationen beschafft wurde. Als Besonderheit führte das »gl Krad KTM 250« (»geländegängiges Krad«) zwei Gleitkufen für den »witterungsunabhängigen Einsatz auf Straßen und im Gelände«, so der österreichische Behördenjargon, auf dem Gepäckträger mit und konnte somit auch auf verschneiten Straßen eingesetzt werden.

Doch den bis heute wohl imageträchtigsten Erfolg errang KTM in der Motocross-Saison 1984 noch mit einem Zweitakter: Genau zehn Jahre nach dem erstmaligen Gewinn der Weltmeisterschaft durch Guennadi Moiseev setzte sich der Tiroler Heinz Kinigadner die Krone in der Viertelliter-Klasse auf. Dieser Titel ist neben den unzähligen anderen nationalen, Europa- und Weltmeisterschaften für KTM deswegen so wertvoll, weil es die erste von einem Österreicher auf einem österreichischen Motorrad errungene Weltmeisterschaft war.

Ein Jahr später gab es in Mattighofen gleich zweifachen Anlass, die Sektkorken knallen zu lassen. Der 100.000. KTM-Motor, ein neuentwickelter flüssigkeitsgekühlter 500er Motocross-Motor mit Membraneinlass und einer Leistung von 60 PS lief vom Band, und der »Kini« konnte seinen Weltmeistertitel aus dem Vorjahr verteidigen.

▾ *Prospektvorblatt mit Heinz Kinigadner auf der Titelseite.*

▲ Die beiden 125er des Modelljahres 1985 unterschieden sich nur wenig, allerdings war die 125 Enduro vorne noch trommelgebremst, während die 125 MX eine Scheibenbremse aufwies.

▼ Werbewirksam: Kinigadners zweiter WM-Titel auf dem Prospekt der 1986er MX.

▲ Die 250 MX von 1985, die Replica der Weltmeistermaschine: Natürlich waren die Erfahrungen aus Heinz Kinigadners Weltmeisterschaft in die Entwicklung eingeflossen.

Das Modelljahr 1986 profitierte natürlich von Kinigadners zweiter Weltmeisterschaft, das galt sowohl für die Motocross- als auch die Enduro-Modellpalette. Obwohl es damals das Motto »Ready To Race« noch nicht gab, bot Importeur Toni Stöcklmeier für die 61. Internationale Sechstagefahrt, die 1986 in San Pellegrino Therme nahe Bergamo stattfand, auf Bestellung speziell vorbereitete Motorräder für die einstige »Olympiade des Motorradsports« an. Die KTM-Leute konnten dazu auf ihren riesigen Erfahrungsschatz zurückgreifen. Die »Six Days«-Modelle unterschieden sich von den Serienmaschinen beispielsweise durch einen Mittelständer statt Seitenständer – bei den sechs langen Tagen wichtig für die Pflege der serienmäßigen O-Ring-Kette oder den täglichen Reifenwechsel. Um Problemen im steinigen Gelände der oberitalienischen Alpen aus dem Weg zu gehen, war die Auspuffbirne doppelwandig ausgeführt und der Kühler erhielt einen zusätzlichen Steinschlagschutz. Auch die Elektrik wurde auf das absolut Nötige reduziert, um den Anforderungen der technischen Kontrolle zu genügen. Das bedeutete: Ballhupe statt Elektrohorn, Acerbis-Elba-Scheinwerfer mit einfachem Ein- und Ausschalter und ein Kurzschlusstaster statt des Zündschlosses. Außerdem wurden wasserdichte Kerzenstecker verbaut, um eine weitere Schwachstelle schon im Vorfeld zu eliminieren.

▲ *Mit der 80 MX kam 1986 ein wettbewerbstaugliches »Mini Bike« in's KTM-Programm, wobei sich das »Mini« allenfalls auf die kleineren 17 Zoll-Räder bezieht. Immerhin leistete die 80 MX über 23 PS.*

▲ *Auch in die 1986er Modelle flossen die Erfahrungen von »Kinis« zweiter Weltmeisterschaft ein, so wurde an der Ergonomie gefeilt und die hintere Trommel wich einer Scheibenbremse.*

▲ *Die 500 MX war die einzige nicht-japanische Siegermaschine in der 1985er WM-Runde. Die käufliche 1986er Maschine profitierte davon. Wie die kleineren Modelle war auch die 500 MX wahlweise mit einer konventionellen Marzocchi- oder einer WP-Upside down-Gabel lieferbar.*

▲ *Enduro-Maschinen für die Saison 1986 gab es mit 125, 250 und 350 cm³; sie waren zwar technisch eng mit den Motocrossern verwandt, aber eben für den Enduro-Einsatz ausgelegt.*

▲ *Speziell für den amerikanischen Markt gebaut wurden die MXC-Modelle, die für die dortigen Cross Country-Rennen unter anderem einen größeren Tank und eine andere Getriebeabstufung boten.*

▲ *Die 125 MX (1987) war für die Achtelliter-Klasse beim Motocross bestimmt.*

▼ *Für Europa und die USA wurden unterschiedliche Enduromodelle angeboten. Die US-Version hatte beispielsweise einen größeren Tank für Cross Country-Einsätze.*

▼ *Die Zweitaktpalette des Modelljahres 1988 umfasste die Motocrosser 125 MX, 250 MX und 500 MX sowie die Enduro-Modelle 125, 250 und 350 für die damals größte Zweitaktklasse im Endurosport. Wahlweise gab es die beiden größeren Enduro-Modelle auch mit einem größeren 12 Liter-Tank.*

Komfortabel auf der Straße, robust im Gelände – die Enduro 500 K4 zielte auf die BMW G/S.

GEBURT EINER LEGENDE – DER LC4-MOTOR IST SERIENREIF. MEHR ODER WENIGER

Im Geländesport ging die Entwicklung wieder hin zum Viertakter, der in den 1960er Jahren den superleichten und wesentlich handlicheren Zweitaktern das Feld hatte räumen müssen; im neuen Enduro-Reglement wurde eine neue Wettbewerbsklasse für Viertakter bis 600 Kubik eingeführt. Während die überwiegend fernöstliche Konkurrenz bereits luftgekühlte Viertakt-Einzylinder im Programm hatten, musste KTM einen solchen Motor erst noch entwickeln. 1982 begann in Mattighofen die Entwicklung eines hochmodernen Viertaktmotors auf Basis des 500 cm³-Zweitaktgehäuses. Der Name des Motors war gleichzeitig Programm: Das »LC4« (»Liquid Cooled Fourstroke«) stand für einen flüssigkeitsgekühlten Vierventil-Viertakter.

Um die Zeit bis zur Serienreife des neuen Aggregats zu überbrücken, entsann man sich der guten Beziehungen zum Motorenbauer Rotax aus dem benachbarten Gunskirchen, der schon die allerersten KTM in den 1950er Jahren mit Motoren ausgerüstet hatte. Rotax produzierte damals einen luftgekühlten Halbliter-Viertakter mit Zahnriemen zur Nockenwellensteuerung, der als Zwischenlösung nun auch eine ganze Reihe unterschiedlicher KTM-Modelle antreiben sollte. Das bärenstarke Aggregat wurde zunächst mit 500 Kubik, später mit 560 und schließlich sogar in einer Ausführung mit 350 Kubikzentimetern verwendet, denn 1986 war im Endurosport die kleine Viertaktklasse eingeführt worden.

Der Vollständigkeit halber an dieser Stelle erwähnt werden müssen hier auch die Straßenmaschinen mit diesem Single: Die »500 K4« erschien 1983, ein Jahr später folgte die »Baja 600« mit größerem Hubraum, Elektrostarter und Ausgleichswelle, was den ruppigen Gelände-Gesellen für den Straßeneinsatz deutlich bessere Manieren beibrachte. Wegen des 20 Liter großen Tanks darf die »Baja 600« durchaus als Vorläufer der späteren Adventure-Modelle angesehen werden; eine komplett reisetaugliche kam aber erst 1989. Diese Reise-Enduro (»Incas«) hatte aber schon den KTM-eigenen LC4-Motor. Sogar eine kleinere 350er Version der »Baja« gab es, allerdings nur in geringen Stückzahlen. Während die Wettbewerbsmaschinen nach wie vor über die Importeure Stöcklmeier und Staab nach Deutschland gebracht

wurden, erfolgte der Verkauf der zivileren Baja über die KTM-eigene Vertriebsgesellschaft in Simbach am Inn.

Trotz der neuen Einzylinder-Enduros hatte KTM im internationalen Markt einen schweren Stand. Die guten Zeiten waren vorbei und die Mopedproduktion tendierte trotz hochwertiger Modelle sogar gegen null. Auch die »Baja« und die »Incas« waren eher Nischenprodukte für Einzylinder-Freunde. Gegenüber den damals populären Reiseenduros BMW G/S oder gar den 600ern aus Japan standen sie klar auf verlorenem Posten.

▲ *Nachfolger der K4 war 1985 die Baja 600. Elektrostarter und Ausgleichswelle, dazu ein 20 Liter großer Tank, machten die Baja reisetauglich.*

▼ *Mit dem neuen LC 4-Motor gab es 1989 eine weitere Reiseenduro im Programm. Namensgeber war die von Franco Acerbis organisierte Incas-Rallye in Peru.*

INCAS

Von der 500 XC (»Cross Country«) unterschied sich die GS der Saison 1983 in der Beleuchtung und dem um 40 mm geringeren Federweg, was durch das Enduro-Reglement so vorgegeben war.

1985 war die 600 Enduro erstmals mit einer Upside Down-Gabel von White Power ausgerüstet, der 560 cm³ große Motor leistete in Wettbewerbsausführung 47 PS.

Bereits vor der Saison 1987 wurde die MX 500 LC4 im Design der Zweitakter präsentiert. Als Gesamtgewicht wurde damals 114 Kilogramm angegeben.

Dennoch arbeitete KTM an einem eigenen neuen Motor. Nach fünfjähriger Entwicklungszeit war dieser LC4-Motor dann serienreif und gelangte 1987 zunächst mit 553 cm³ in den Verkauf. Ähnlich wie zuvor der Rotax sollte das Aggregat in verschiedenen Versionen in allen denkbaren Motorradtypen Verwendung finden können – von Motocross-Maschinen bis zur straßentauglichen Reisemaschine. Zunächst aber sorgte er im Geländesport für Furore. Praktisch aus dem Stand heraus errang er sportliche Lorbeeren: Joachim Sauer gewann die Enduro-Europameisterschaft bei den 350ern und Gianangelo Croci in der großen

▼ *LC4-Motor von 1988 in der KTM Motohall-Ausstellung. (Foto: Leo Keller)*

▲ *Gleich im ersten Jahr konnte die LC4 bereits mit zwei Europameisterschaften punkten. Die Enduro-Version brachte nur 123 Kilogramm auf die Waage.*

▲ *Vom Design her entsprachen die großen Viertakter sowohl in der Enduro- als auch in der MX-Ausführung den Zweitakt-Modellen des Modelljahres 1988.*

▸ *Erstmals tauchte 1989 die heute noch gebräuchliche Modellbezeichnung »E-XC« auf, allerdings noch mit Bindestrich. Die E-XC war die einsitzige Wettbewerbsversion, während die soziustaugliche E-GS mit größerem Tank und voluminöserem Schalldämpfer eher die Hobbyfahrer ansprach.*

Klasse: KTM war der Spagat zwischen den leichtgewichtigen Zweitaktern und den behäbigen Ballermännern mit vier Takten gelungen: Auch die ventilgesteuerten Triebwerke aus Mattighofen standen für niedriges Gewicht und geringe Abmessungen: Die LC4 wog in der Enduro-Ausführung nur ganze 20 Kilogramm mehr als die zweitaktende 250er und 15 Kilogramm weniger als die japanische Viertakt-Konkurrenz. Doch um der Wahrheit die Ehre zu geben: Von deren uneingeschränkten Alltagstauglichkeit waren die frühen LC 4 noch ein gutes Stück entfernt. Besonders das problematische Startverhalten nervte, denn meist artete das Ankicken des heißen Motors oft zur schweißtreibenden Prozedur aus. Im Wettbewerb waren schnell wertvolle Sekunden verspielt, die am Ende eine gute Platzierung kosten konnten – an den Druck aufs Knöpfchen eines E-Starters war damals noch nicht zu denken. Aus jener Zeit stammt die etwas despektierliche Interpretation der Bedeutung von KTM: »Kick Ten Minutes«. Auch Fehlzündungen, die den Vergaser vom Stutzen sprengten, waren keine Seltenheit. »Keine Tausend Meter«, so lautete eine andere Lesart für das Kürzel »KTM«. Dies alles kratzte natürlich gewaltig am Ruf der ersten LC4.

DAS ENDE DER ÄRA TRUNKENPOLZ

Trotz neuer Modelle und sportlicher Höhenflüge – bei den »Sei Giorni« 1986 im italienischen San Pellegrino saßen alle Klassensieger auf KTM, trotz der EM-Titel für Joachim Sauer und Gianangelo Croci und dem WM-Titel für den Amerikaner Trampas Parker 1989 bei den 125ern: KTM rutschte immer tiefer in die Krise. Die schon seit einigen Jahren stark rückläufigen Umsätze im Bereich der Klein- und Leichtkrafträder konnten auch das Sportmaschinenprogramm nicht mehr kompensieren. Dabei hatte KTM gerade in diesem Bereich kräftig investiert: Immer mehr Wettbewerbsmodelle wiesen nun spezielle Aluminiumkühler auf. Die waren teuer. Andererseits hatte KTM mit der Fertigung dieser Komponenten inzwischen reichlich Erfahrungen sammeln können. Was lag also näher, ähnlich wie Hans Trunkenpolz dies in den Anfangsjahren mit der Fertigung von Kurbelwellenlagern getan hatte, diesen Bereich systematisch zu erschließen? KTM steckte daher 1984 viele Millionen Schilling in den Aufbau einer eigenen Kühlerproduktion, um damit europäische Auto- und Motorradhersteller zu beliefern.

▲ *Nach der Übernahme durch die GIT-Holding verschwand das KTM-Oval und wurde durch ein neues Logo »FUN IN MOTION« ersetzt.*

Die Kühlerfertigung wurde unter dem Namen »KTM Kühler« als eigenständiger Betriebszweig geführt. Die rückläufige Auftragslage, die Übernahme der ZKW-Anteile (die mit Bankkrediten finanziert werden musste) und die Investitionen in die Kühlerfertigung ließen den Schuldenberg bis 1989 auf umgerechnet 35 Millionen Euro anwachsen. In dieser angespannten Situation wurde KTM von der GIT-Holding der österreichischen Girozentrale und des angesehenen Wirtschaftsexperten und früheren ÖVP-Politikers Josef Taus übernommen. Der ehemalige Inhaber Erich Trunkenpolz erlag in dieser turbulenten Zeit im Alter von nur 58 Jahren am 23. Dezember 1989 einem Herzleiden.

Die Sanierung durch die GIT-Holding misslang jedoch. Zum einen hatte die Holding eine enorme Schulden- und Zinslast übernommen, statt mit einem Konkurs eine schnelle Sanierung zu ermöglichen. Dazu hatten nun schneidige »Jungakademiker« das Sagen, die, wie ein Zeitzeuge schilderte, von Motorrädern offensichtlich so viel Ahnung hatten wie »Frösche vom Fliegen« und die Motorrad-Sparte offensichtlich nur als Klotz am Bein empfanden. Stattdessen investierten die neuen Eigentümer in den Ausbau der Fahrrad-Fertigung, konnten allerdings statt der anvisierten 400.000 Stück gerade einmal gut 100.000 Einheiten absetzen. Dazu kamen Differenzen mit alteingesessenen Importeuren, auf deren Rat die neuen Eigner nicht hörten – am Ende brachen mehrere Importeure sogar die Geschäftsbeziehungen zu KTM ab.

NOCHMALS NEUE SPORTMOTOREN UND EIN NEUES DESIGN

Trotzdem erfolgte 1990 die Markteinführung eines völlig neu konzipierten »TVC«-Zweitakters, den es mit 250 und 300 Kubik gab. Das Kürzel bedeutete »Twin Valve Control«, also eine Auslasssteuerung durch seitliche Walzenschieber. Schon äußerlich

◄ *Die 250 TVC Enduro war ein komplett neukonstruiertes Motorrad, die TÜV-konform gerade einmal 17 PS leistete. In Wettbewerbsausführung kam sie aber laut Werk auf unglaubliche 54 PS.*

▲ *Ein richtiger Allround-Sportler: die zweisitzige 600 LC Enduro von 1990, wahlweise mit kleinem 8,5 Liter-Tank oder mit 15 Liter zu haben.*

war die Neukonstruktion auf den ersten Blick erkennbar. Der Kickstarter befand sich nun auf deren rechten Seite, während die Kette nach links wanderte, so wie das bei den japanischen Konkurrenten üblich war. Während die Walzensteuerung schon bald durch andere Ideen ersetzt wurde, sollte die Hinterradschwinge aus Aluguss zu einer KTM-Spezialität werden, die auch heute noch in allen KTM-Modellen bis hin zur »1290 Super Duke R« zu finden ist.

In dieser Zeit standen auch Überlegungen im Raum, eine neue Motocross-Maschine mit der amerikanischen ATK-Schwinge zu entwickeln. »ATK« bedeutete »Anti Tension Kettenantrieb« und stand für eine Erfindung, die das Hinterrad von Lastwechselreaktionen der Kette entlasten sollte. Entwickelt hatte dieses Konzept der gebürtige Österreicher Horst Leitner. Es blieb allerdings bei einem Einzelstück, das Leitner nach Österreich schickte, wo es aber nie weiterentwickelt wurde.

Mit einem neuen Design, »Mint & Pepper« genannt, sollten die Verkaufszahlen wieder angekurbelt werden. Der Versuch, sich zumindest optisch von den Konkurrenten abzusetzen, erwies sich letztlich aber nur als Kosmetik, die nichts für den angeknacksten Ruf tun konnte. Auch die Titelgewinne durch Paul Edmondson (125 cm³) und Peter Hansson (500 cm³) in der Enduro-Weltmeisterschaft 1990 oder Jeff Nilssons Titel bei den 125ern im Folgejahr vermochten das Blatt nicht mehr zu wenden: Nachdem es der GIT-Holding nicht gelang, den Niedergang von KTM abzuwenden, musste die KTM Motor-Fahrzeugbau AG im Dezember 1991 Konkurs anmelden.

KTM wurde in eigenständige Nachfolgefirmen für Kühler, Fahrräder und Motorräder aufgeteilt. Nach mehreren Besitzerwechseln gehört der Automotive-Bereich von »KTM-Kühler« seit 2009 dem deutschen Zulieferer Mahle, die Motorradkühlersparte wurde von WP Suspension übernommen und ist heute Teil von »KTM Components« und damit ein wichtiges Rückgrat in der Teileproduktion der KTM AG. Am alten Standort in der Harlochnerstraße in Mattighofen firmiert seit dem Konkurs die Fahrradsparte als eigenständige »KTM Fahrrad GmbH«.

▼ *Auffallend war das 1991 eingeführte »Mint & Pepper«-Design, welches die XC-Motocrosser, die E-XC-Wettbewerbsenduros und die zweisitzige E-GS auszeichnete.*

TEIL 2: DIE ÄRA PIERER

Nur wenige Tage nachdem KTM im Dezember 1991 Konkurs angemeldet und die Produktion eingestellt hatte, legten die bisherigen Importeure Toni Stöcklmeier und Helmut Staab (Deutschland), Arnaldo Farioli (Italien) sowie die Importeure der Niederlande und von Spanien zusammen mit der Schweizer Finanzierungsgesellschaft Exantra dem Konkursverwalter ein Kaufangebot vor. Hier taucht in den KTM-Annalen zum ersten Mal der Name Stefan Pierer auf. Pierer, erst 34 Jahre alt und mit Heinz Kinigadner eng befreundet, hatte sich in Österreich als Sanierer von in Schwierigkeiten geratenen Unternehmen einen Namen gemacht. Damals war er im sogenannten Restrukturierungsgeschäft tätig, wo bankrotte Firmen aufgekauft und die überlebensfähigen Teile nach der Sanierung mit Gewinn verkauft werden. Durch Vermittlung Kinigadners konnte Stefan Pierer als Sanierer ins Boot geholt werden. Aufgrund der langjährigen profunden Insiderkenntnisse der Importeursgruppe und der sorgfältigen Vorbereitung erhielt die von Toni Stöcklmeier initiierte Auffanggesellschaft schon im Januar 1992 den Zuschlag. Neben den beteiligten Importeuren, die für die Abnahme der geplanten Jahresproduktion von 6700 Motorrädern garantierten und der Finanzierungsgesellschaft, die zusammen den Großteil der Anteile hielten, waren auch die beiden neuen Geschäftsführer Kalman Cseh und Gottfried Reichinger, drei Abteilungsleiter sowie Heinz Kinigadner als sportliches Aushängeschild beteiligt. Mit diesem Führungspersonal startete dann die neu formierte »KTM Sportmotorcycle GmbH« in die Zukunft.

Das KTM-Logo von 1992 nahm Anleihen am früheren Logo aus der GIT-Zeit.

Dieses deutlich schlichtere Logo wurde von 1996 bis 1999 benutzt.

Um es vorweg zu nehmen: Seine ursprüngliche Idee, KTM nach Sanierung gewinnbringend zu verkaufen, hat Pierer nicht umgesetzt. Beim Neustart 1992 hatte seine Firma 160 Beschäftigte, heute sind es mehr als 4300 Mitarbeiter weltweit. Heute ist KTM (dessen Hauptanteilseigener die Pierer Mobility AG sowie die indische Bajaj Auto sind) zusammen mit den Submarken Husqvarna und KTM Components mit über 260.000 verkauften Motorrädern seit 2012 der größte europäische Motorradhersteller. Stefans Pierers Anteil an dieser Erfolgsgeschichte ist nicht hoch genug einzuschätzen.

KTM-Chef Stefan Pierer, 1996.

▲ *Damals noch auf der grünen Wiese, ging das neue Werksgebäude im Sommer 1999 in Betrieb.*

KTM KAUFT HUSABERG

1995 war KTM erstmals in der Lage, größere Investitionen zu stemmen: Nachdem Elektrolux, ein schwedischer Haushaltsgerätekonzern und Besitzer von Husqvarna, die Motorradsparte an die italienische Cagiva-Gruppe verkauft hatte und die Fertigung nach Varese verlegt wurde, blieben einige der Techniker in Schweden und schufen eine neue Motorradmarke, die ausschließlich Enduro- und Motocross-Motorräder mit Viertaktmotoren baute und benannten diese »Husaberg AB«.

Husaberg war zwar sportlich erfolgreich, verdiente aber kein Geld und benötigte dringend Unterstützung. Und die kam aus Mattighofen. Weil die Schweden vor allem im Geländesport unterwegs waren, schien die Übernahme des Nischenanbieters nahe zu liegen, zumal auf diese Weise ein Konkurrent aus dem Rennen war. Entwicklung und Produktion blieben zunächst in Schweden und wurden erst 2003 nach Mattighofen verlagert. KTM hat 2013 dann mit Husqvarna eine zweite schwedische Marke übernommen und den Bau von Maschinen mit Husaberg-Logo eingestellt.

UMZUG INS NEUE HAUPTWERK

Seit dem Neuanfang erzielte KTM im ansonsten europaweit eher rückläufigen Enduro-Markt beeindruckende Umsatzzuwächse. Im alten KTM-Werk in der Harlochnerstraße waren die Kapazitätsgrenzen längst erreicht. Weil das Werksgelände seit dem Konkurs ohnehin nur gepachtet war, stieg KTM in die Planung eines neuen eigenen Werksgeländes auf der grünen Wiese vor den Toren Mattighofens ein – Projektname »Werk 2000«. Doch schon im alten Jahrtausend sollte dort die Produktion in vollem Umfang anlaufen. Nach einer Bauzeit von nur einem Jahr erfolgte in der Sommerpause 1999 der Umzug in die Stallhofnerstraße. Ab September verließen tatsächlich bereits die ersten 2000er Modelle das Werk, die Montage erfolgte nun auf vier Bändern. In diesem Betrieb sind übrigens bis heute nur montagefertige Teile zu finden, der Rahmenbau und die Fertigung der Mechanik verblieben am alten Standort. Im neuen Werk erfolgte ausschließlich die sogenannte »Assemblierung«, also der Zusammenbau der verschiedenen Komponenten.

▲ *KTM-Chef Stefan Pierer persönlich schob das erste Motorrad – eine 200 EXC – im neuen Werk vom Band.*

Mit dem Bezug des neuen Gebäudes fiel auch der Startschuss zur Entwicklung einer völlig neuen Viertaktreihe, die neben dem klassischen LC4-Motor auf Band gelegt wurde. Allerdings handelte es sich bei den neuen »EXC-« bzw. »SX-Racing«-Aggregaten um reine Wettbewerbsmotoren für Enduro- und Motocross-Maschinen, die im 2002 eröffneten Motorenwerk Munderfing gebaut werden. Inzwischen spucken die Fertigungslinien täglich zwischen 300 und 400 Zwei- und Viertakt-Motoren aus, Einzylinder und Zweizylinder, die zwei Mal täglich ins nur wenige Kilometer entfernte Hauptwerk nach Mattighofen gebracht werden.

Die globale Finanzkrise von 2008 hatte die gesamte Zweiradbranche sehr schwer getroffen und verschonte auch KTM nicht. Dazu kam, dass die Rallye Dakar, eine der wichtigsten Werbeplattformen für das Unternehmen, im Januar 2008 kurz vor dem Start wegen Terrordrohungen abgesagt werden musste. In Folge der Krise waren die Absatzzahlen um fast ein Viertel eingebrochen, was KTM natürlich arg zu schaffen machte – und dem Bundesland Oberösterreich, denn die Motorradbauer waren einer der größten Arbeitgeber im Innviertel. Und weil außerdem Wahlen vor der Tür standen, musste das Land gar nicht lange gebeten werden, um Kredite mit einer Ausfallbürgschaft abzusichern.

Natürlich machte es sich auch bezahlt, dass KTM-Chef Stefan Pierer als erfolgreicher Sanierer eine überzeugende Wachstumsstrategie vorlegen konnte und KTM weltweit aufstellte: Schon seit dem Vorjahr liefen Gespräche mit dem indischen Motorradhersteller Bajaj Auto Ltd., um in Europa wie auch weltweit kleine bis mittelgroße Viertakt-Motorräder anbieten zu können und damit Marktsegmente zu bedienen, in welchen die Österreicher bislang nicht vertreten gewesen waren. Durch die Kooperation mit Bajaj rundeten die Österreicher ihr Angebot mit preisgünstigen Maschinen nach unten ab. Die Kooperation mit Bajaj führte zu einem breiten Angebot an Viertakt-Straßenmotorrädern unterhalb der LC4-Plattform. Heute ist Bajaj mit knapp 48% der Stimmrechte neben der Pierer Mobility AG einer der beiden Kernaktionäre der KTM AG.

Mit der Integration der Traditionsmarke Husqvarna, die sich fünf Jahre im Besitz von BMW befunden hatte und in Italien produzierte, setzte KTM 2013 ein weiteres Ausrufezeichen: Während nämlich bis auf das gerade einmal ein Jahr lang gebaute Naked Bike »Husqvarna Nuda« nahezu alle Modelle aus der BMW-Ära in Vergessenheit geraten sind, sorgen KTM-Husqvarnas immer wieder für positive Schlagzeilen.

Seit 2011 hat KTM sein Angebot erheblich erweitert. Neben den Offroad-Wettbewerbsmodellen für Enduro und Motocross gibt es aktuell etwa 15 Modelle (Stand Februar 2020) für den überwiegenden Einsatz auf Asphalt, die von vier unterschiedlichen Motorbaureihen angetrieben werden. Die Einsteigerbikes von 125 bis 390 Kubik haben den in Kooperation mit Bajaj gebauten kleinsten Motor, darüber sind die LC4-Einzylinder angesiedelt, die im Verkauf allerdings inzwischen etwas an Bedeutung verloren haben, doch auch bei Husqvarna eine neue Heimat gefunden haben. Seit 2018 baut KTM auch Mittelklasse-Motorräder; die Reihen-Zweizylinder-Motoren tragen die Bezeichnung LC8c, wobei das »c« in der Typenbezeichnung für »compact« steht. Darüber angesiedelt sind die großen LC8-V2-Motoren, die bei den Adventure- und Super Duke-Modelle zum Einsatz kommen.

◂ *Das seit etwa 2000 gebräuchliche KTM-Logo in der Hausfarbe findet sich, je nach Verwendungszweck, im oberen Viertel eines Quadrats.*

▴ *Zusammenbau von Viertakt-Sportmotoren.*

DIE MODELLREIHEN SEIT 1992

OFFROAD-MOTORRÄDER

Um die erstaunliche Wiedergeburt der Marke zu verstehen, lohnt ein näherer Blick auf die Strategie für den Neustart. Und die war eindeutig auf Geländemaschinen ausgelegt – »Hard Enduro« lautete die neue Zielrichtung: Im weitesten Sinne zulassungsfähige Enduros mit ausgeprägter Geländetauglichkeit. Zweites Standbein bildeten Wettbewerbsmotorräder für jede denkbare Geländesportveranstaltung.

Die neue Ausrichtung bedeutete aber auch das Ende von vielleicht traditionsreichen, aber unrentablen Modellreihen: Die defizitären Mopeds gehörten somit der Vergangenheit an, schließlich lautete die neue Firmenbezeichnung »KTM Sportmotorcycle GmbH«.

▲ *Eine 1992er 600 LC4 Competition in Wettbewerbsausführung.*

DIE ENDUROS

Mit dem hochmodernen LC4-Motor hatte KTM natürlich ein Pfund, mit dem man insbesondere gegenüber der japanischen Konkurrenz wuchern konnte, die damals immer noch von Straßenenduros abgeleitete luftgekühlte Motoren anbot. Darüber hinaus wollte KTM, auch das Teil der neuen Strategie, sich breiter aufstellen, mit dem LC4 weitere Käuferschichten erschließen und arbeitete mit Hochdruck an einer zivileren Version, die über eine Ausgleichswelle und ein geändertes zweisitziges Fahrgestell verfügte. Sie wurde auf der IFMA 1992 in Köln vorgestellt. Ebenfalls geplant war eine Ausweitung der Modellpalette. Zunächst erscheinen sollte eine kleinere Version mit 350 Kubikzentimeter Hubraum sowie, im Hinblick auf die ab 1996 im Endurosport geltende 400er Viertaktklasse, eine etwas hubraumstärkere Ausführung.

DIE EINZYLINDER-ENDUROS ERSTE LC4-GENERATION

Die Viertaktmotorräder wurden von KTM geschickt als »Hard Enduro« vermarktet – mit einem verschmitzten Seitenhieb auf die japanischen Hersteller stellten die Österreicher in einer Werbebroschüre klar, dass eine Hard Enduro nur im kompromisslosen Sporteinsatz entwickelt werden könne und deswegen eine Soft-Enduro niemals eine kompetente Geländemaschine sein werde – schließlich würde aus einer Badeente auch kein Löwe, nur weil man sie in einen Käfig sperrt.

Beim Neustart der Traditionsmarke 1992 waren natürlich Anleihen an die Vergangenheit nicht zu umgehen. Daher trugen die LC4-Modelle noch das bekannte »Mint & Pepper«-Design. Präsentiert wurden zur Messe in Köln als Neuheit die soziustaugliche »600 LC4 Enduro« mit kleinem Windschild und optionalem abschließbaren 15 Liter-Tank für die Hobby-Enduristen sowie die kompromisslose einsitzige »600 LC4 Competition« mit einem Rahmenheck aus Aluminiumrohren für die Wettbewerbsfraktion.

Wobei: »Hard Enduros« waren beide, und beide beschränkten sich in der Ausstattung auf das Wesentliche, doch das war vom Feinsten. Serienmäßig wurde alles weggelassen, was nicht unbedingt im Fahrbetrieb gebraucht wurde und das Gewicht erhöhte. Selbst auf einen Elektrostarter mussten die Käufer anfangs verzichten. Dafür gab es allerdings White Power-Federelemente, Brembo-Scheibenbremsen mit Stahlflex-Leitungen und praktisch unzerstörbare Acerbis-Kunststoffteile. Der Rahmen war wie bei den Wettbewerbsmaschinen aus kunststoffbeschichtetem Chrom-Molybdän gefertigt; Schwinge und Felgen, ja sogar der Kickstarter, die Achsmuttern und der geschmiedete Fußbremshebel bestanden aus Aluminium.

Ungeachtet der wirtschaftlichen Schwierigkeiten und des Neustarts war KTM im Geländesport weiterhin eine Macht. Die Siegesserie im Endurosport litt kaum unter den Turbulenzen. Im Jahr des Neuanfangs gab es den 25. Titel in der Enduro-Weltmeisterschaft, welche die Nachfolge der einstigen Gelände-Europameisterschaft angetreten hatte.

1993 machte sich der Besitzerwechsel auch optisch bemerkbar. Mit neuen Modellen und weiteren Erfolgen im Motorsport sollte das Vertrauen bei der Kundschaft wieder gestärkt werden. Sichtbares Zeichen der »New Generation« war ein komplett neues Design mit fließenden Übergängen vom Tankspoiler über die Seitenverkleidungen bis hin zum Hinterradkotflügel. Statt des »Mint & Pepper«-Designs, einer Hinterlassenschaft aus der Konkursmasse, dominierten nun die Farben Weiß und Lila. Wie bereits im Vorjahr bestand die Modellpalette aus den beiden 600 LC4, dazu kamen die schon früher angekündigten Varianten 350 bzw. 400 LC4, ebenfalls in den Ausführungen »Enduro« und »Competition«. Fabio Farioli, Sohn des italienischen Importeurs, gewann in jenem Jahr die Enduro-WM und hatte auch bei den Six Days im holländischen Assen die große Viertaktklasse gesiegt.

Das Design der »New Generation« entwickelte übrigens ein Mann, der auch ein viertel Jahrhundert später noch allen KTM-Motorrädern ihr unverwechselbares Gesicht verleiht: Gerald Kiska. Als junger Designer hatte er 1990 einen Designerwettbewerb gewonnen, der noch von den früheren KTM-Eigentümern ausgeschrieben worden war. Man hat ihn dann unter Vertrag genommen, und er verantwortet den Markenauftritt von KTM bis heute.

Für nicht ganz so ambitionierte Geländesportler: KTM 600 LC 4 Enduro mit Soziussitzbank und Rahmenheck aus Stahlrohr.

▲ *Die einsitzige 350 Competition unterschied sich in wesentlichen Details von der Enduro – ihr Einsatzzweck waren Enduro-Wettbewerbe.*

▼ *Auch die 600 LC4 war als Enduro- und als Wettbewerbsausführung im neuen Design erhältlich.*

1994 feierte KTM Fariolis Vorjahres-Erfolge durch die Umbenennung der »Competition« in »Super Competition«. Dazu gab es zwei neue Modelle mit leicht modifiziertem Motor, die »LC4 620 SC« und die »LC4 620 Rallye« mit Roadbook, 20 Liter-Tank und viel nützlichem Zubehör. Die »Super Competition«, kurz »SC« oder »SuperComp« genannt, war auch mit 350 und 400 Kubikzentimeter Hubraum erhältlich; Enduristen ohne Wettbewerbsambitionen bediente KTM weiterhin mit zweisitzigen Enduros mit Stahlrohr-Rahmenheck.

Nicht zu übersehen war das neue Design der 1996er KTM-Modelle – alle Wettbewerbsmodelle wurden in Orange ausgeliefert, einer Farbe, die im Motorradbereich damals eher unüblich war.

Weil die Motocross-Renner von KTM und Yamaha sich zu der Zeit nur durch die Farbe der Sitzbank – hier Purple, dort Pink – bei ansonsten gleichen weißen Plastikteilen unterschieden, während die Suzuki oder Kawasaki-Piloten auch ohne Blick ins Programmheft allein schon aufgrund der gelben oder giftgrünen Motorräder erkennbar waren, beschlossen KTM-Chef Pierer und Designer Kiska, alle zukünftigen KTM-Modelle auf den ersten Blick auch als solche kenntlich zu machen.

Da blieb im Offroad-Sport als Signalfarbe eigentlich nur Orange. Als die Duke »First Edition« zwei Jahre zuvor in Schwarz/Orange präsentiert wurde, hatte das zwar noch zu Diskussionen geführt, doch Gerald Kiska ließ sich nicht beirren: Der erste Motorradjahrgang im neuen Farbdesign ging zur Saison 1996 an den Start.

Auch die neue 620 LC4 »Six Days«, eine mit vielen Power Parts aufgewerteten Sonderserie der Hard Enduro, gab es nur in der neuen Hausfarbe, obwohl die Maschine im Gegensatz zu den SX-Motocrossern oder der »Super Competition«-Enduro nicht für den ernsthaften Wettbewerbseinsatz gedacht war. Natürlich gab es immer auch Alternativfarben, aber jede Maschine, egal in welcher Farbe, ist bis heute durch unverwechselbare Stylingelemente eindeutig als KTM zu erkennen. Und noch ein kleine, aber wichtige Änderung: Optional gab's die LC4-Modelle auf Wunsch auch mit Elektrostarter.

Ganz neu ins Programm rückte 1997 die Variante »LSE« (»Low Seat, Electric Starter«) mit einer um sieben Zentimeter verringerten Sitzhöhe für diejenigen, die nicht das Gardemaß eines Heinz Kinigadner aufwiesen. Alle Viertakt-Enduro-Modelle mit 400 und 620 Kubik gab es sowohl in Orange als auch in Weiß. Ausschließlich in der KTM-Hausfarbe waren die »Super Competition« und die »Motocrosser« erhältlich.

Die erste Evolutionsstufe des LC4 führte zu den 640er-Modellen von 1998, die anders als die Bezeichnung vermuten ließ, tatsächlich nur 625 Kubikzentimeter Hubraum aufwiesen. Die Premiere des überarbeiteten LC4 erfolgte 1998, zunächst in der »Last Edition« der ersten Duke und der 640 Adventure R, danach erfolgte sukzessive die Einführungen auch in anderen Modellen.

▸ *Die SC gab es nur in »Purple and White«.*

▾ *Die 400 Competition und 620 Super Competition federten über eine Upside-Down-Gabel von WP Suspension.*

▲ *Während es die zweisitzige 620 LC4 Enduro auch in Weiß gab, war die »Six Days« wie die Wettbewerbsmaschinen nur in Orange zu bekommen.*

◄ *400 Super Competition-Enduro, 1997.*

▲ *Die Hard Enduro 640 LC4 war 2000 in Orange und Silber erhältlich. Der Einsatzzweck war mittlerweile aber eher leichtes Gelände, wie an der Bereifung zu erkennen ist.*

▲ *Die 625 SXC (hier war der Hubraum korrekt angegeben) huldigte als einzige LC4-Spielart noch den alten Endurotugenden, war aber nicht mehr für den Wettbewerbseinsatz gedacht.*

In den folgenden Jahren änderten sich diese nur in Details (meist den Dekoren), doch große Sprünge wie etwa beim Wechsel vom »Mint & Pepper« zur »New Generation« von 1993 und schließlich zum heutigen »KTM-Orange« von 1996 gab es nicht. Wohl aber kamen einige neue Modellvarianten, doch diese Variationen des LC4 der ersten Generation stellten keine grundsätzlichen Neuentwicklungen dar. Eine Weiterentwicklung erfolgte mutmaßlich im Hinblick auf die Ablösung der Wettbewerbsmotorräder durch die EXC-Racing-Modelle im Jahre 2000 nicht mehr. Die Entwicklungskapazitäten waren in den ersten zehn Jahren nach dem Neuanfang noch recht überschaubar. Daher wurden die LC4-Modelle nach der Jahrtausendwende nur noch für den ambitionierten Hobbybereich angeboten. Auch die auf der LC4-Enduro basierende Duke II wurde von 1999 bis 2006/7 praktisch unverändert gebaut (abgesehen von jährlich wechselnden Farben und einem überarbeiteten Zylinderkopf). 2003 wurden die LC-Enduros optisch den EXC-Racing-Modellen angeglichen, was zugleich das Ende der international nicht mehr konkurrenzfähigen »Super Competition« bedeutete. Für die Freunde der alten »Super-Comp« gab es nun aber die »625 SXC« mit zahlreichen Features der Wettbewerbsmaschinen. Anders als die SXC, die nur in Orange lieferbar war, gab es die 640 LC4 und die kleinere 400 LC4 wahlweise auch in Silber und als LC4-E sogar mit Elektrostarter.

▼ *Die Militärversion basierte auf der 400 LC4 LSE-Enduro mit verringerter Sitzhöhe und Elektrostarter.*

Die 400 LC4-E bildete übrigens auch die Basis für eine Militärausführung für die deutsche Bundeswehr. Nach über dreißigjähriger Dienstzeit trennten diese sich nun doch von ihren alten Hercules-Zweitaktern.

Nach ausgiebiger Erprobung konnte sich KTM mit ihrer »400 LC4-E Military« schließlich gegen die BMW F 650 GS in Militärausführung durchsetzen. Neben der ab 2003 beschafften 400er waren für spezielle Aufgaben auch einige 640er vorgesehen. Die Kradfahrer im olivgrünen Zwirn erhielten mit der KTM Military jedenfalls ein hochmodernes Motorrad. Heute ist die Zahl der Motorräder bei der Bundeswehr rückläufig. Das typische Einsatzgebiet für den Melde- und Kurierdienst wurde durch die moderne Kommunikationstechnik fast überflüssig, so dass es den klassischen »Kradmelder« nicht mehr gibt. Lediglich bei den Spezialkräften sind noch geländegängige Kräder in mittlerer zweistelliger Stückzahl im Einsatz, allerdings handelt es sich dabei nicht mehr um KTM, sondern um die aus dem Endurosport bekannte Yamaha WR 450 F.

Die zweite LC4-Generation

Auf der Pariser »Mondial du deux Roues« stellte KTM mit der »690 Enduro« eine völlig neu entwickelte Hard Enduro vor. Bereits im Frühjahr 2007 hatte KTM mit der 690er Supermoto die zweite LC4-Einzylinder-Generation auf den Markt gebracht, es war klar, dass Zug um Zug weitere Modelle diesen Motor erhalten würden. Mit 62 PS und einem selbsttragenden Hecktank war die 690 Enduro quasi die ultimative Hard Enduro; das Triebwerk selbst hatte schon bei der Rallye Dakar im Januar 2007 seine Feuerprobe bestanden und Cyril Despres den Sieg beschert.

Die nächste Variante war die »690 Enduro R«, verkauft ab 2008. Sie blieb bis 2017, verschwand dann beim Wechsel der Basis-Duke zur »Fünften Generation« zunächst aus den Listen und kehrte zur Saison 2019, nun mit neuem Euro-4-LC4, wieder zurück. Die Optik ähnelte den Wettbewerbs-Enduros, für die Federung waren WP-XPLOR-Elemente zuständig, die vorne wie hinten 250 Millimeter Federweg boten, dazu konnten Gabelversatz und Lenker den Vorlieben des Piloten angepasst werden. Neben dem »Street«- bot die Elektronik einen zusätzlichen »Offroad«-Modus, dazu ein modifiziertes Kurven-ABS.

Zweite Generation: ab 2008 gab es die 690 Enduro mit dem neuen LC4-Motor. (Foto: Heinz Mitterbauer)

▶ *Eine unverkleidete 690 Enduro mit Gitterrohrrahmen und Tank im Rahmenheck. (Foto: Heinz Mitterbauer)*

▲ *Blieb auch weiterhin der stärkste serienmäßig gefertigte Single: Die KTM 690 LC4. (Foto: Heinz Mitterbauer)*

▲ *2009 folgte die 690 Enduro R mit orangefarbigem Rahmen und weißen Designelementen. (Foto: Heinz Mitterbauer)*

▸ *Die 690 Enduro R (hier von 2015) erwies sich als stollenbereifte Variante der ähnlich konzipierten Supermoto. (Foto: Studio MAC)*

▾ *Nach zweijähriger Unterbrechung rückte die 690 Enduro R 2019 wieder ins Programm. (Foto: Kiska)*

DIE ZWEITAKT-MODELLE FÜR ENDURO-WETTBEWERBE

Neben der LC4 blieben beim Neuanfang 1992 auch die Zweitakt-Enduros und Motocrosser im Programm, allerdings hatte hier die Verbesserung der Fertigungsqualität Vorrang vor der Weiterentwicklung, so dass es abgesehen vom geringfügig geänderten Design bei den Vorjahresmodellen blieb.

Auch die Zweitaktpalette kam 1993 in den Genuss des Designs der »New Generation«. Die Enduro-Modelle waren anders als die LC4-Enduros reine Wettbewerbsgeräte, also vergleichbar mit der LC4 »Competition«. Mit der 125er, 250er und 300 Enduro wurden die damaligen kleineren Klassen abgedeckt. Letztere entsprach weitgehend der Motocross-Maschine, insbesondere in Primärübersetzung, Steuerkopfwinkel und Radstand.

Im Detail modellgepflegt, gingen die Zweitakter ins Jahr 1994, erkennbar am neuen Design in Purple-Weiß mit farbenfrohen »Technosel«-Graphiken, das 1996 wie auch bei den Viertaktern der neuen Hausfarbe Orange wich.

Bei der Sechstagefahrt 1997 im italienischen Lumezzane zeigten die KTM-Zweitakter nicht nur ein neues Design, sondern auch die PDS-Hinterradfederung (»progressive damping system«) ohne Umlenkhebel, die das Pro Lever-System ablöste. Neben einem geringeren Wartungsaufwand bot das direkt an der Schwinge angelenkte Federbein ein sensibleres Ansprechverhalten.

Und eine weitere Abkürzung hielt Einzug ins KTM-Wörterbuch: »PVS«. Das Kürzel stand für »Planet Valve System« und bezeichnete eine neue Auslasssteuerung, welche zusammen mit einer digitalen Kennfeldzündung für knackige Leistung bei jeder Drehzahl sorgte: »Meisterstücke für schnelle Gesellen«, so pries KTM seine Zweitaktpalette für die Saison 1998 an.

▲ *Auch die Enduro-Modelle zeigten noch 1992 das bekannte »Mint & Pepper«-Design, waren aber im Gegensatz zu den Motocross-Modellen zulassungsfähig.*

▲ Neben den Viertaktern bot KTM weiterhin Zweitakter mit 125, 250 und 300 Kubik für den Endurosport an.

▲ Eine 250 EXC von 1994 in der damaligen Hausfarbe »Purple and White« und der für die Zeit typischen Technosel-Graphics.

▲ Wie alle Wettbewerbsmodelle wurden auch die EXC-Enduros ausschließlich orange lackiert. Interessant ist die verschlungene Führung der Auspuffbirne bei der 360 EXC, eine sogenannte »Snake Pipe«.

▼ *Die Handlichen: 125 EXC und 200 EXC, 1998.*

▼ *Verlangt nach einem Könner wie Giovanni Sala – die 300 EXC, 1998.*

Und als solches durfte auch die 1998 gelieferte »200 EXC« gelten. Die erreichte beinahe die Leistung der 250er, hatte aber das Fahrgestell der 125er. Damit war sie an Handlichkeit kaum zu überbieten und knüpfte an die Tradition der 175er aus den 1970er Jahren an. So erklärt sich auch eine blaue Sonderserie, welche KTM-Chef Pierer als Hommage an den großen John Penton auflegen ließ: Die auf 133 Stück limitierte Sonderserie der 200 EXC »30 YEAR ANNIVERSARY LIMITED EDITION« war wie einst die »Jackpiner« in Blau lackiert und mit einem von John Penton signierten Sticker versehen. Neben der blauen 200er gab es eine grüne 125 EXC »Six Day« in limitierter Sonderserie. In Deutschland war die 200 EXC wegen ihrer Handlichkeit viele Jahre sehr populär, bis sie die verschärfte Abgasnormen nicht mehr schaffte und aus dem Programm fiel.

► *Verbeugung vor John Penton: die 200 EXC in der Lackierung der »Jackpiner« aus den siebziger Jahren.*

▲ *Auch die Zweitakter gab es in Six Days-Optik, hier eine 250 EXC von 2003 mit dem Design des ISDE Fortaleza/Brasilien.*

Wegen der Reglementsänderungen für 2004, nach denen Zwei- und Viertakter jetzt in den gleichen Klassen starteten und die Zweitakter mit einem Hubraum-Handicap belegten, strich KTM das EXC-Programm auf vier Modelle zusammen: Die 125er musste in der seit 2004 geltenden Klasse E1 sich mit 250er Viertaktern messen, die 250er trat in der E2 gegen 450er Viertakter E2 an und in der Klasse E3 – Viertakter über 500 Kubik – brachte KTM seine 300er an den Start. Dazu kam noch die beliebte 200 EXC, die ebenfalls in der Klasse E2 startete, aber bei internationalen Wettbewerben keine Rolle spielte.

▼ *2008 erhielt die 300er, zusätzlich zum Kickstarter, auch einen elektrischen Anlasser. (Foto: Heinz Mitterbauer)*

◄ *Die 300 EXC – hier ein 2008er Modell – war die größte Zweitakt-Enduro des Herstellers. (Foto: Freeman)*

▲ *Die 300 EXC Six Days im Mexiko-Design (2010). (Foto: Freeman)*

Bis heute hält KTM dem Zweitakter die Treue, allerdings scheiterten einige Modelle im Laufe der letzten Jahre an den Zulassungsbestimmungen. Seit 2017 sind die »125 EXC« und die beliebte »200 EXC« nicht mehr lieferbar. Beide Modelle schafften die Euro-4-Hürde nicht, bei der 125er kam erschwerend hinzu, dass ein neuer »Anti-Manipulationskatalog« griff, der eine Entfernung der Drosselung bei der »A1«-Führerscheinvariante unmöglich machen sollte. Den Motor entsprechend umzubauen, hätte einen zu großen Aufwand bedeutet. Stattdessen entwickelte KTM zwei neue Zweitakter, die in den Preislisten als »125 XC-W« und »150 XC-W« figurieren, wobei das »XC« für »Cross Country« und das »W« für »Wide Ratio«, also eine längere Getriebeübersetzung, stehen. Die auch in den USA lieferbaren Enduros sind hier aber nicht zulassungsfähig und nur für Enduro-Veranstaltungen gedacht, die abseits des öffentlichen Verkehrsraums stattfinden.

2018 folgte dann eine bahnbrechende Neuerung, die KTM schlicht als »Renaissance des Zweitakters« bezeichnete: die »250 EXC« und die »300 EXC« waren die ersten Zweitakt-Sportenduros mit serienmäßiger elektronischer Kraftstoffeinspritzung. Abgekürzt mit »TPI« (»Transfer Port Injection«), bildete die Einspritzung in die Überströmkanäle das Herzstück der neuen Technik. Sie sorgt für eine steigende Kraftstoffeffizienz und verbessert die Abgaszusammensetzung, was es erlaubt, die Euro-4-Norm zu erfüllen. Die Anpassung der Bedüsung bei unterschiedlichen Höhen- und Witterungsverhältnissen, die bei Hochleistungszweitaktern obligatorisch ist, entfällt. Statt einer Mischungsschmierung haben die TPI-Modelle eine elektronisch gesteuerte Getrenntschmierung.

▸ *Die 200 EXC aus dem letzten vollen Verkaufsjahr 2016. (Foto: Studio MAC)*

▲ Die 300 EXC Six Days für die Sechstagefahrt in Košice/Slowakei 2015. (Foto: Studio MAC)

▼ Jetzt mit Einspritzung: Die 300 EXC TPI erschien 2018. (Foto: Studio MAC)

Für das Modelljahr 2020 ist die »150 XC-W«, nun auch mit der TPI-Einspritzung, die kleinste Enduro. Aber selbst mit Euro 4 passt sie nicht so richtig in die europäische Klasseneinteilung. Startberechtigt ist sie in Deutschland bei Enduro-Veranstaltungen lediglich in den hubraumoffenen Junioren- und Seniorenklassen sowie der Damenklasse, aber nicht in der eigentlichen Meisterschaft, wo der Hubraum für die E1-Klasse zu groß, für die E2-Klasse aber zu klein ist, weil dort – Stand 2019 – neben den Viertaktern nur Zweitakter über 175 bis 250 Kubik startberechtigt sind.

Neu ist die 300 EXC »Erzbergrodeo«, die zum 25. Jubiläum der Veranstaltung im österreichischen Örtchen Eisenerz in einer limitierten Auflage von 500 Stück gebaut wird. In der Sonderserie steckt natürlich viel Erzberg-Erfahrung – von der gerippten Auspuffbirne, die weniger anfällig für Steinschläge ist, über Bremsscheibenprotektoren bis hin zum stabilen Riemen an der Gabel, damit die Helfer anpacken können, wenn es einmal nicht weitergeht. Bis auf die 150er sind die Zweitakter wieder auch als limitierte Six Days-Sondermodelle erhältlich.

▲ Der in den EXC verbaute Zweitakt-Einspritzer war bahnbrechend für Wettbewerbs-Enduros. (Foto: Studio MAC)

▼ *Sonderserie: Die 300 EXC TPI in der Erzberg-Edition von 2020. (Foto: Heinz Mitterbauer)*

▼ *Die 150 XC-W löste 2019 die 200 EXC ab. (Foto: Heinz Mitterbauer)*

▼ *Interessante Details – die gestrippte 300er TPI im Modelljahr 2020. (Foto: Kiska)*

▲ *Rahmen und Schwinge der TPI-Zweitaktmodelle. (Foto: Heinz Mitterbauer)*

▲ *Die 2003er Viertaktmodelle waren an ihren beiden Krümmerrohren leicht zu erkennen. (Foto: Heinz Mitterbauer)*

DIE VIERTAKT-MODELLE FÜR ENDURO-WETTBEWERBE

Das Kürzel »EXC« bezeichnete ursprünglich nur die Zweitakter, die Viertakt-Enduros trugen die Zusatzbezeichnungen »Racing«, »R« und »F«. Darüber hinaus gab es aber auch OHC-Viertaktmodelle, die ebenfalls nur die Bezeichnung »EXC« trugen, allerdings nur, wenn es keine entsprechenden Zweitakter mit gleichem Hubraum gab. Das galt für die Maschinen mit 450 und 500 Kubikzentimeter. Das ist zwischenzeitlich vereinheitlicht worden, so dass alle Viertakter das Kürzel »EXC-F« aufweisen, unabhängig davon, ob ein »echter« F-Motor mit DOHC oder ein OHC-Motor verbaut ist. Analog gilt dies natürlich auch für die SX-Motocross-Motorräder.

2004 wurden die Karten in den wichtigsten Offroad-Weltmeisterschaften neu gemischt, wo nun Zweitakter mit einem Hubraum-Handicap gegen Viertakter gemeinsam in ihren Klassen (E1, E2, E3 bzw. MX1, MX2 und MX3) antraten. Die bewährten LC4 waren dafür aber nicht geeignet. Demzufolge wurden die Racing-Viertakter effektiv überarbeitet. Bereits 2003 hatte die 400 EXC Racing im Hinblick auf die neue Klasseneinteilung durch eine Vergrößerung des Hubs um acht Millimeter 50 Kubik mehr Hubraum erhalten. Durch die Umstellung von Sand- auf Kokillenguss konnten beim Motorgehäuse 500 Gramm eingespart werden, ein neuer Kupplungskorb war 100 Gramm leichter und verringerte dazu die rotierenden Massen. Einen anderen Weg hatten die Entwickler beim SX-Racing-Motor für den Motocross-Einsatz beschritten. Der 450 SX-Motor war mit sechs Millimeter größerer Bohrung deutlich kurzhubiger als das Enduro-Aggregat ausgelegt und eine leichtere Kurbelwelle sparte weiteres Gewicht. Darauf aufbauend wurde für das Modelljahr 2004 viel Feinarbeit im Detail betrieben. Während der Motor bis auf einen Einrohrauspuff für weniger Gewicht und höheres Drehmoment im Wesentlichen unverändert blieb, wog der Rahmen durch im Vergleich zum Vorjahresmodell verringerte Wandstärke weniger als neun Kilo. Eine zehn Millimeter längere Schwinge sorgte für verbesserte Traktion und entsprechend größeren Radstand. Durch einen leichteren Schwingarmbolzen und ein geändertes Lochmuster der Wave-Bremsscheiben konnte das Trockengewicht trotz Elektro- und Kickstarter auf 117 Kilo gedrückt werden. Ausgeliefert wurde die 450 EXC Racing zulassungsfähig mit versicherungsgünstigen 12 kW/17 PS. Offen leistete der 450er 36 kW/49 PS. Diese Verbesserungen kamen auch der 40 kW/54 PS starken Motocross-Variante 450 SX Racing zugute, der darüber hinaus noch neue Ventilfedern spendiert wurden, die durch geringere oszillierende Massen ein spontaneres Hochdrehen des Motors ermöglichten. Durch die konzeptionellen Unterschiede zur zulassungsfähigen Enduro wie fehlender Beleuchtung und E-Starter, Vier- statt Sechsgang-Getriebe und schmalerem Hinterradreifen konnte das Trockengewicht auf 105 Kilo gedrückt werden.

Während bei der 250 EXC Racing (23 kW/31 PS, 116 Kilo) und der 525 EXC Racing, die tatsächlich nur 510 Kubik hatte (45 kW/61 PS, 118 Kilo), der Hubraum unverändert blieb, kamen die fahrwerksseitigen Updates genau wie bei den entsprechenden Motocross-Varianten 250 SX Racing und 525 SX Racing auch diesen Maschinen zugute. Optisch waren die Modelle der Saison 2004 am dicken Einrohr-Krümmer erkennbar, während frühere Modelle zwei dünnere Krümmerrohre hatten.

▼ *Der Motor der 450 Racing, 2003. (Foto: Heinz Mitterbauer)*

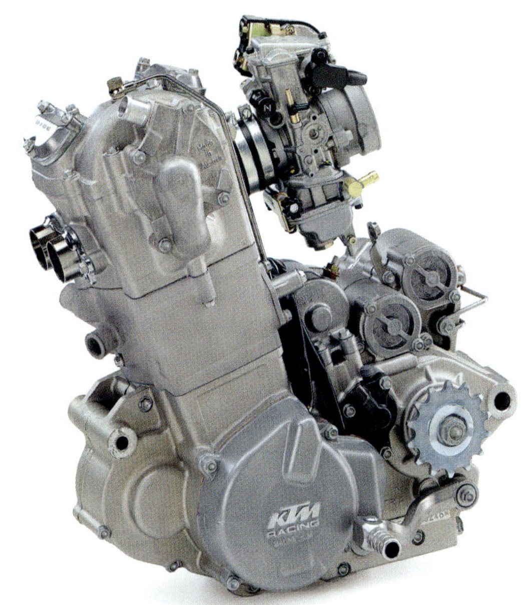

▼ *Die 525 MXC Desert Racing war für den Einsatz bei Rallyes gedacht. (Foto: Heinz Mitterbauer)*

Neben den Motoren gab es in dieser Saison erstmals auch Motorräder für eine Nischen-Sportart, die nach den USA auch Europa eroberte. Diese Cross Country-Wettbewerbe (oft als »XC« oder auch »CC« bezeichnet) sind lizenzfreie Veranstaltungen für Enduro- oder Motocross-Maschinen. Für jeden gibt es die passende Klasse – von den Professionals bis hin zu den Einsteigern ohne Wettbewerbserfahrung. Nicht zuletzt die überschaubaren Kosten machen eine Rennteilnahme erschwinglich. Speziell für solche XC-Veranstaltungen bot KTM ab Jahresmitte die »450 XC«, die im Wesentlichen der »450 SX Racing« entsprach, aber spezielle Features aufwies: 18 Zoll-EXC-Hinterrad, stabilen Motorschutz und den leisen EXC-Schalldämpfer. Neben der »XC« gab es weitere Modelle wie die vor allen Dingen für den amerikanischen Markt gedachte »XCR« oder die »525 MXC Desert Racing«, bei der KTM allerdings weniger an einen siegverdächtigen

▲ *2004 experimentierte KTM mit Allradantrieb – das Vorderrad wurde durch einen Hydraulikmotor angetrieben.*

▼ *Aufgefrischt: Die 250 EXC-F des Modelljahres 2007. (Foto: Heinz Mitterbauer)*

▲ *Der Viertelliter-Motor der 250 EXC-F. (Foto: Heinz Mitterbauer)*

▼ *Die 450 EXC Factory Replica orientierte sich an den erfolgreichen Werksmaschinen. Hier das Modell von 2007. (Foto: Heinz Mitterbauer)*

Dakar-Renner dachte, wie die Typbezeichnung vermuten ließ, sondern an ein konkurrenzfähiges Sportgerät für die im Mittelmeerraum oder im Westen der USA beliebten mehrtägigen Rallyes. Die »Desert Racing« basierte auf der »525 EXC Racing«, von der sie sich aber durch einen 14 Liter großen Tank und einen Kühlerventilator unterschied. Ähnlich konzipierte Zweitakter waren ausschließlich dem amerikanischen Markt vorbehalten.

2007 erschien die »250 EXC-F« als Nachfolgerin der »EXC Racing« mit DOHC-Vierventilmotor. Ihre Basis bildete die Viertelliter-Motocrosser »SX-F« mit zwei obenliegenden Nockenwellen.

Anders hingegen sah es bei den hubraumgrößeren Enduros aus: Für die E2- und E3-Klasse waren seit 2008 die »450 EXC-R« und die »530 EXC-R« im Angebot. Anders als die 250er betätigt hier nur eine obenliegende Nockenwelle die vier Ventile. Allen Motoren gemeinsam waren sowohl Kickstarter als auch ein zusätzlicher Elektrostarter, was manche Fahrer in schwerem Gelände mit Dankbarkeit erfüllte ... Auf vielfachen Kundenwunsch hin gab es 2009 wieder die »400 EXC-R«, die sich im Vergleich zur 450er wesentlich handzahmer gab.

Traditionell bot KTM im Vorfeld der Internationalen Sechstagefahrt seinen Kunden speziell vorbereitete Maschinen an, die im

▲ *Die 530 EXC war 2008 die hubraumstärkste Enduro des Herstellers. (Foto: Heinz Mitterbauer)*

Prinzip den Wettbewerbsmaschinen entsprachen. In den 1980er Jahren erleichterte bei solchen »Production-Racern« beispielsweise ein Hauptständer den Radausbau, heute sind es hochwertige Fahrwerkskomponenten aus dem hauseigenen »Power Parts«-Programm, aber auch die vielen kleinen Dinge, die dem Fahrer den Kampf um Sekunden und Medaillen leichter machen, z.B. ein transparenter Tank zur Kontrolle des Benzinstandes oder eine kleine Tasche an der Sitzbank zum Verstauen der damals noch üblichen »Stempelkarte«. Diese Six Days-Sondermodelle erhalten auch ein spezielles Dekor. Obwohl auch die Serienmodelle »ready to race« sind, werden jährlich mehrere tausend Enduros in Six Days-Ausführung verkauft, von denen nur ein Teil tatsächlich bei der Sechstagefahrt zum Einsatz kommt.

EXC-F – die Wettbewerbsenduros der zweiten Generation

Der neu entwickelte DOHC-Motor des 2014er Modells hob sich vor allen Dingen durch mehr Drehmoment von den früheren »EXC Racing«-Modellen ab. Das neue Motorgehäuse sparte Gewicht und die Ausgleichswelle trieb gleichzeitig die Steuerkette und die Wasserpumpe an. Für die größere E2-Klasse hatte der Fahrer sogar die Wahl zwischen der leichten »350 EXC-F«, die 100 Kubik unter dem zulässigen Hubraumlimit blieb und der am Hubraumlimit befindlichen »450 EXC«, einer der stärksten Enduros im Starterfeld. Für die größte E3-Klasse gab es die »500 EXC«, die knapp über 500 Kubik hat.

Die 350 EXC-F im Dekor der Six Days 2011 in Kotka Hamina/Finnland. (Foto: Heinz Mitterbauer)

▲ *2014 war die 500 EXC die hubraumstärkste Wettbewerbsenduro. (Foto: Heinz Mitterbauer)*

▲ *Farbenfrohe Graphics für die 2015er Sechstagefahrt in San Juan/Argentinien. (Foto: Heinz Mitterbauer)*

▲ *Die 250 EXC-F Six Days (Los Arcos/Spanien) 2016. (Foto: Studio MAC)*

▼ *Mit vielen Zubehörteilen veredelte 250 EXC-F, anno 2018. (Foto: Rudi Schedl)*

► *Kein Gramm zu viel: Der Rahmen der 2019er Viertaktmodelle. (Foto: Heinz Mitterbauer)*

Diese vier Maschinen sind auch heute noch im KTM-Programm, natürlich von Jahr zu Jahr modellgepflegt und mit teilweise geringfügig abweichenden Modellbezeichnungen. Dazu gibt es in jedem Jahr in limitierter Auflage die entsprechenden Six Days-Modelle, die mit vielen hochwertigen Komponenten veredelt sind und traditionell am speziellen Dekor erkennbar sind.

Während die beiden kleineren Motoren mit 250 und 350 Kubikzentimetern Hubraum über zwei obenliegende Nockenwellen verfügen, ist es bei der 450er und der 500er für die E3-Klasse nur eine. Eine Ausnahmestellung unter den Viertakt-Enduromodellen genießt die 350er, die ähnlich der früheren 200er EXC die Handlichkeit der 250er mit der Leistung der 450er verbindet und seit ihrer Vorstellung im Jahr 2012 zum meistverkauften Viertakt-Wettkampfmodell von KTM wurde. Keine technischen Änderungen ergaben sich bei der Umbenennung der beiden großen Viertakter in »450 EXC-F« bzw. »500 EXC-F«. Diese Umbenennung erfolgte nur, um die Typbezeichnungen aller Viertakter zu vereinheitlichen und hat nichts mit der Anzahl der Nockenwellen zu tun.

▲ *So sieht die 450 EXC-F im Modelljahr 2020 aus. (Foto: Kiska)*

▼ *Die aktuelle 250 EXC-F, Modelljahr 2020. (Foto: Kiska)*

▲ *Wie üblich kommen die aktuellen Modelle bereits bei der Sechstagefahrt im Herbst des Vorjahres zum Einsatz – hier eine 2020er 250 EXC-F Six Days im Portimao/Portugal-Design. (Foto: Heinz Mitterbauer)*

NEUE KONZEPTE, NEUE KLASSEN

Wenn es darum ging, ihre Motorradkonzepte in eine neue Kulisse zu stellen, kannte die Kreativität der KTM-Entwickler kaum Grenzen: Weil die Rennsportfunktionäre der einzylindrigen Supermoto-Serie die Megamoto-Rennserie für Zweizylinder zur Seite gestellt hatten, dachten sie zum Beispiel über eine großen Zweizylinder-Sportenduro nach – obwohl die Enduro-Weltmeisterschaft gerade erst auf drei Klassen gesundgeschrumpft worden war. Doch in Deutschland wurde jedenfalls ab 2007 im Rahmen der Deutschen Enduro-Meisterschaft der »Enduro Power Cup« ausgeschrieben, und KTM hatte da bereits seit einem Jahr das passende Motorrad.

950 Super Enduro R

Giovanni Sala, vielfacher Enduro-Weltmeister, war mit der 950er auf dem Erzberg angetreten – nicht nur beim samstäglichen Prolog, sondern auch beim Hare Scramble am Sonntag. Und hier schaffte er das schier Unmögliche. Dort, wo auch heute noch leichte Zweitakter das Maß der Dinge sind, erreichte er mit dem fast doppelt so schweren und 100 PS starken Zweizylinder Checkpoint 12! Aber nicht jeder ist ein Gio Sala und so zeigte die Monster-Enduro vielen Fahrern im Gelände ihre Grenzen auf. Nach nur drei Jahren verabschiedete sich die Groß-Enduro mit der hochwertig ausgestatteten »Erzberg Edition« aus dem KTM-Programm.

▾ *Die 100 PS starke 950 Super Enduro R verlangte nach Könnern am Lenker. (Foto: Manfred Halwax)*

▲ *Die Freeride-Studie stand auf der Tokio Motor Show 2010.*

▲ *Die Freeride 350 mit Viertakt-Verbrennungsmotor war 2012 lieferbar. (Foto: Alessio Barbanti)*

Freeride

2010 hatte KTM auf der Tokio Motor Show ein völlig neues Sportmotorrad-Konzept namens »Freeride« vorgestellt. Gleich zwei »Zero Emission Bikes« waren zu sehen, eine Offroad- und eine Supermoto-Variante, beide angetrieben von einem Elektromotor, also ohne die immer wieder kritisierte Abgas- und Geräuschentwicklung. Damit erschloss KTM gleichzeitig ein völlig neues Einsatzsegment, nämlich das Offroadfahren in städtenaher Umgebung oder sogar in Hallen – und das alles ohne Lärm und Abgase. Im Laden zu kaufen war die Freeride, die von den Leistungsdaten etwa einer 125er entsprach, noch lange nicht, erst ab 2014 konnte man das E-Bike zumindest ausführlich testen.

Das Freeride-Konzept war in der Szene positiv aufgenommen worden, doch 2012 stellte KTM die »Freeride 350« mit Verbrennungsmotor vor. Damit ruderten die Mattighofener aber nicht zurück. Die Botschaft lautete ganz anders: ein Motorrad, mit dem man alles machen kann, aber nicht Weltmeister werden muss. Mit nur 99 Kilogramm, einer Sitzhöhe von zumindest für eine Enduro gerade einmal 91 Zentimeter und mit zulassungsfähigen geräuscharmen 23 PS kräftig, aber nicht zu stark motorisiert, sprach die Freeride diejenigen an, die ohne Leistungsdruck im Gelände Spaß haben wollten. Wer dann noch etwas mehr Spaß haben wollte, griff zur »Freeride 250 R«, die ab 2013 erhältlich war. Der Zweitaktmotor mit Elektrostarter und sattem Punch war ganz auf Durchzug ausgelegt und kam mit einem Mischungsverhältnis von 1:80 aus. Anders als die »Freeride 350«, die mit voller Leistung zugelassen werden konnte, war die Zweitakt-250er nur in gedrosselter Ausführung zulassungsfähig.

2018 wurden die beiden Varianten mit 250er Zweitakter und 350er Viertakter durch die neue »Freeride 250 F« ersetzt, deren Motor auf dem der Wettbewerbsenduro »250 EXC-F« basiert und 20 zulassungsfähige PS leistet. Im Gegensatz zur EXC-F ist das Sechsgang-Getriebe in den unteren Gängen jedoch kürzer abgestuft. Auch die neue »Freeride 250 F« ist Enduro und Trial-Motorrad zugleich. Der nun 100 Kubik kleinere Viertakter mit zwei obenliegenden Nockenwellen und elektronischer Benzineinspritzung garantiert immer ausreichend Power, so dass auch weniger geübte Fahrer sich mit Selbstvertrauen ins Gelände wagen können. Auf Knopfdruck kann man das Motormapping ändern und sogar die Traktionskontrolle aktivieren.

▲ *Ein Vorserienmodell der Freeride E von 2012. (Foto: Heinz Mitterbauer)*

▼ *Die Freeride-Familie bestand 2015 aus den Typen 250 R, 350 und E. (v.l.) (Foto: Rudi Schedl)*

Die »Freeride E-XC« der zweiten Generation, die über das gleiche Fahrwerk wie die »Freeride 250 F« verfügt, produziert wegen des Elektroantriebs keine Emissionen – zumindest nicht beim reinen Fahrbetrieb. Natürlich wird für das Laden des Akkus Strom benötigt, der in der Regel aus der Steckdose oder einem benzinbetriebenen Generator kommt. Eine richtig runde Sache wäre die Lademöglichkeit über Solarstrom. Neu im Vergleich zu den ersten Modellen ist ein um 50 % vergrößerter Akku, der allerdings auch für die älteren Baujahre passt und eine Energierückgewinnungstechnologie, die einen längeren Einsatz des Elektrobikes ermöglicht. Wenn der Akku je nach Fahrstil und Gelände nach eineinhalb Stunden leer sein sollte, kann er nach Hochklappen der Sitzbank einfach gegen einen vollen Akku ausgetauscht werden. Es soll aber nicht verschwiegen werden, dass ein Akku mit knapp 3000 Euro zu Buche schlägt, dazu kommt noch das Ladegerät. Akku und Ladegerät können entweder gleich mitgekauft oder aber geleast werden. Anders als bei der »Freeride 250 F«, die an jeder Tankstelle betankt werden kann, bleibt der Einsatzbereich der »Freeride E-XC« insgesamt gesehen recht stationär.

▲ *Neue Optik, neue Technik ab 2018: die Freeride 250 F. (Foto: Studio MAC)*

▼ *Elektrischer Reiter: Freeride E-XC, 2018. (Foto: Studio MAC)*

▼ *Eine Freeride E ohne Akku und Verkleidungsteile. (Foto: Studio MAC)*

KTM befasste sich schon früh mit der E-Mobilität im Zweiradbereich und muss deshalb als Pionier auf diesem Gebiet angesehen werden. Drei Jahre nach der Vorstellung der »Freeride E« in Tokio wurde an gleicher Stelle die viel beachtete Scooter-Studie »e-speed« der Öffentlichkeit präsentiert. Bei der aktuellen Freeride »E-XC« realisierten die KTM-Entwickler eine Rekuperation im Schiebebetrieb, was die Reichweite erhöht.

Wegen der zahlreichen überwiegend noch ungelösten Probleme mit Elektrofahrzeugen ist derzeit nicht zu erwarten, dass KTM in überschaubarer Zeit größere E-Motorräder anbieten wird. Eine Nutzung wäre technisch aktuell auch nur bei kurzen Wettbewerbsdistanzen möglich, und das sind Enduro-Wettbewerbe definitiv nicht.

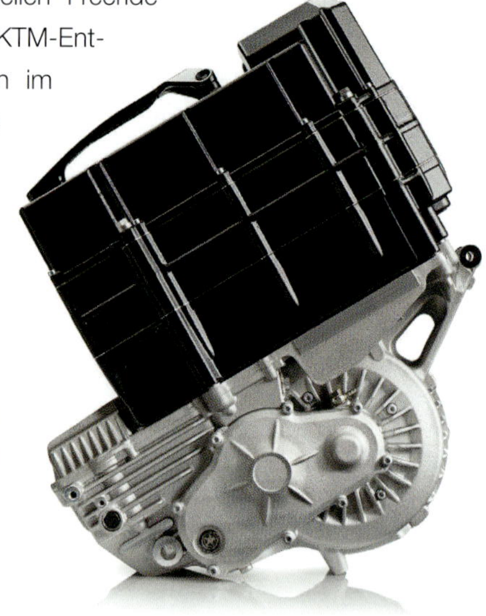

▲ *Im Detail: Motor und Powerpack-Akku. (Foto: Heinz Mitterbauer)*

◄ Die Zweitakt-Motocrosser unterschieden sich nicht wesentlich von den Vorjahresmodellen. Das »K-Team«-Dekor spielte mit dem Firmennamen.

▼ Abgesehen von der fehlenden Beleuchtung unterschieden sich die nun »SX« genannten Motocross-Modelle durch ein größeres 19 Zoll-Hinterrad von den Enduros.

MOTOCROSS

DIE ZWEITAKT-MODELLE FÜR CROSS-WETTBEWERBE

Wie bereits bei den Enduro-Modellen blieb es auch bei den Zweitakt-Motocrossern der MX-Reihe nach dem Neubeginn zunächst bei den bisherigen Mint & Pepper-Modellen. Obwohl diese Maschinen im Vergleich zur Enduro ein größeres 19 Zoll-Hinterrad hatten, blieb es bei einer Sitzhöhe von 945 Millimetern.

Mit der »New Generation« von 1993 erhielten die Motocross-Modelle eine neue Bezeichnung: Sie figurierten künftig unter dem Kürzel »SX«, sicherlich im Hinblick auf den wichtigen US-Markt, wo Supercross (SX) immer populärer wurde. Die Modellpalette umfasste vier Modelle mit den schon von den Enduro-Modellen bekannten Motoren mit 125, 250 sowie 300 Kubik, die sich abgesehen von der fehlenden Beleuchtung durch ein 19 statt 18 Zoll großes Hinterrad von den jeweiligen Enduros unterschieden. Die Krönung der SX-Familie stellte die »500 SX« dar; tatsächlich war Kurt Nicholls mit einer Halbliter-SX Vizeweltmeister geworden.

Auch bei der Motocross-Palette sorgten ab 1994 neue Grafiken für ein frischeres Erscheinungsbild, während die bärenstarke 500er der »440 SX« wich, die sich wesentlich harmonischer fahren ließ. Die beiden Modelle unterschieden sich in erster Linie durch den um 10 mm reduzierten Hub bei gleicher Bohrung und identischem Primärtrieb. Radstand, Steuerkopfwinkel und Gewicht waren identisch, auch die übrigen Daten entsprachen ansonsten der 500 MX aus der »Mint & Pepper«-Version.

1996 wurden die Motocrosser wie die übrigen Wettbewerbsmaschinen ausschließlich in Orange eingesetzt. Shayne King, der damals die Halbliter-Weltmeisterschaft gewann, machte das neue Design auf Anhieb weltbekannt. Anfangs hatte es zwar Irritationen gegeben, weil die technischen Kommissare darauf bestanden, dass Motocrosser in der Halbliter-Klasse gelbe Startnummernschilder aufweisen mussten und darob die neue Lackierung für Irritationen sorgen könnte, aber letztendlich sahen die Regelhüter ein, dass keine Verwechslungsgefahr mit den kleineren Klasse bestand, denn dort kamen schwarze oder grüne Tafeln zum Einsatz. Mit den 1996er SX-Modellen wurde KTM so zum Trendsetter dafür, die Startnummerntafeln auch farblich in das Design mit einzubeziehen, was mittlerweile bei allen Marken üblich ist.

▼ *125 SX und 250 SX Motocrosser in KTM-Orange (1996).*

▼ *Die 360 SX war die Replica von Shayne Kings Weltmeister-Bike.*

▲ *Kurt Nicholls Vize-WM-Maschine stand Pate: die 500 SX war der größte Zweitakter im KTM-Programm.*

▲ *Die 440 SX ersetzte 1994 die brutale 500 SX.*

Heute ist die KTM-Farbe in der Motorradwelt mindestens ebenso bekannt wie das Ferrarirot bei den Vierrädrigen. Keine andere Motorradmarke wird so sehr mit einer bestimmten Farbe in Verbindung gebracht wie eine KTM mit der Farbe Orange. Sie bestimmt das gesamte »corporate identity«, also den gesamten Markenauftritt.

Nicht minder stilbildend für die Marke ist das Design. In den späten 1990er Jahren adaptierte KTM-Designer Gerald Kiska das aus dem Automobilbereich bekannte »Edge-Design«. Lufteinlässe sind bei einer KTM beispielsweise immer dreieckig. Seit dem tragen alle KTM-Motorräder Kiskas unverwechselbare kantige Handschrift.

Nur drei unterschiedliche Mutterngrößen, werkzeuglose Verstellung des Federbeins oder schneller Austausch des Luftfilters – Servicefreundlichkeit wird bei den SX-Modellen großgeschrieben.

Die SX-Familie des Modelljahres 2006. (Foto: Mitterbauer)

◀ *Die 250 SX mit der beeindruckenden Auspuffbirne trat in der MX1-Klasse gegen fast doppelt so große Viertakter mit 450 Kubik an. (Foto: Heinz Mitterbauer)*

▲ *Die aktuelle 125 SX von 2020. (Foto: Kiska)*

Genau wie die EXC-Enduros profitierten auch die SX-Modelle vom umfangreichen Modellpflegepaket für die Saison 1998, angefangen bei der PVS-Auslasssteuerung bis hin zum Zentralfederbein von WP Suspension. Der ehemals niederländische Hersteller hochwertiger Federelemente mit der markanten weißen Feder, der ursprünglich als »White Power« firmierte, gehörte mittlerweile zu KTM und produziert seither im benachbarten Munderfing.

Im Modelljahr 2020 bietet KTM sechs verschiedene Motocross-Maschinen an, drei Viertakter für die Klassen MX GP und MX2, dazu Zweitakter mit 125, 150 und 250 Kubikzentimeter Hubraum. Während die 125 SX und die 250 SX auch in den Klassen MX2 bzw. MX GP startberechtigt sind, lässt sich ähnlich wie bei den EXC-Enduro-Modellen die 150er vom Hubraum her schwer einordnen, so dass sie eher für Hobbyfahrer gedacht ist, die sich gegenüber einer 125er über ein spürbares Plus an Leistung und Drehmoment freuen können, das fast an die eines 250er Viertakters heranreicht.

DIE VIERTAKT-MODELLE FÜR CROSS-WETTBEWERBE

Auch im Motocross ging der Trend immer mehr zu Viertaktmodellen hin. Die letzte Weltmeisterschaft für einen Halbliter-Zweitakter hatte Shayne King 1996 auf einer KTM gewonnen.

Die neue Generation an Viertakt-Crossern von 2000 erhielt die Bezeichnung »SX Racing« und löste die schweren »620 SX LC4« ab. Weitgehend baugleich mit den EXC-Racing-Enduros, waren sie nochmals einige Kilogramm leichter als diese, was in erster Linie an der fehlenden Beleuchtung lag. Außerdem kam hier ein größeres 19 Zoll-Hinterrad zum Einsatz. Ab 2006 erfolgte sukzessive die Ablösung der Racing-Motocrosser durch die F-Modelle, die über einen völlig neu konstruierten Motor mit zwei obenliegenden Nockenwellen verfügten.

Der 2006 vorgestellten »250 SX-F« folgten die »450 SX-F« und die »505 SX-F«, in deren DOHC-Motoren vier Titanventile arbeiteten. Während die 250er noch mit einem Kickstarter zum Leben erweckt wurde, gab es bei den beiden größeren Modellen ausschließlich einen Elektrostarter.

▲ *Eine 525 SX Racing von 2003, erkennbar am Doppelkrümmer. (Foto: Heinz Mitterbauer)*

▼ *Die 250 SX-F dominierte die MX2-Weltmeisterschaft im letzten Jahrzehnt. (Foto: Heinz Mitterbauer)*

▼ *Die 450 SX-F mit Expansionskammer auf dem Krümmer, Modelljahr 2009, im Look der Werksmaschinen. (Foto: Heinz Mitterbauer)*

▼ *Die 450 SX war als Replica von Max Nagls 2009er WM-Bike mit vielen Powerparts veredelt und wurde 2010 verkauft. (Foto: Heinz Mitterbauer)*

Im Herbst 2009 folgte dann die außergewöhnliche »350 SX-F«. Sie hatte lediglich 350 Kubikzentimeter und blieb damit unter dem Hubraumlimit in der damaligen MX1-Klasse. Intern machte sie der bereits seit 2003 angebotenen Viergang-OHC-450er Konkurrenz, doch die neue DOHC-350er mit Fünfgang-Getriebe bildete eine interessante Alternative mit gänzlich verschiedener Motor-Charakteristik. Star-Fahrer Antonio Cairoli zog den hochdrehenden kleineren Viertakter (genaue Leistungsdaten sind bis heute nur Insidern bekannt, der 250er drehte aber ca. 14.000 / min und die 350er dürfte auch in dem Bereich liegen) der größeren, aber auch schwereren 450 SX vor und dominierte damit über Jahre hinweg die Weltmeisterschaft. Der Gewichtsvorteil ist heute nur noch marginal und liegt bei 0,5 Kilogramm. Nachdem die Konkurrenz nachlegte, stieg aber auch Cairoli auf die stärkere 450er um. Nach diesem Muster aufgebaut, erwies sich auch die kleinere »250 SX-F« als schier unschlagbar.

▲ *Die einzige echte Alternative zur 450 SX – die handlichere 350 SX-F, ebenfalls von 2011. (Foto: Heinz Mitterbauer)*

▼ *Muss sich nicht verstecken: Piekfeine Technik bei der 350 SX-F. (Foto: Heinz Mitterbauer)*

Werksfahrer wie Marvin Musquin, Jeffrey Herlings (der auch in der MX1 antrat, dann aber auf der 450 SX) oder Jorge Prado dominierten damit die MX2-Klasse. In den vergangenen zehn Jahren hat sich KTM neun Mal den Titel geholt.

Natürlich gab und gibt es besonders gut ausgestattete Replicas oder spezielle »Factory Editions«, die KTM meist nach gewonnenen Weltmeisterschaften in einer Sonderauflage verkauft. Schönes Beispiel ist die »450 SX-F Herlings-Replica«, die neben einem an das Weltmeisterbike erinnernden Design eine lange Liste von Sonderausstattungen wie das serienmäßig eingebaute Hole-Shot-System oder spezielle Gabelbrücken bietet.

▼ Die 450 SX-F Herlings-Replica des MX-GP-Weltmeisters von 2018. (Foto: Heinz Mitterbauer)

▲ Schön, schnell und selten: Die SX-F Factory Edition (2016) wurde mit vielen Powerparts veredelt. (Foto: Studio MAC)

▲ Der 250 SX-F-Motor für die MX2-Klasse, 2019. (Foto: Kiska)

▲ Die 250 SX-F, 2020. (Foto: Kiska)

▲ *Die Minicycle-Familie 2004. (Foto: Heinz Mitterbauer)*

SPORTMINICYCLES

KTM bietet seit 2004 speziell für die Erfordernisse von Kindern konstruierte Sportminicycles. Sitzhöhen, Bedienungsergonomie, Fahrposition und Motorleistung sowie das Automatik-Getriebe mit Fliehkraftkupplung sind so ausgelegt und gestaffelt, dass Offroad-begeisterter Nachwuchs im Altersbereich von etwa vier bis 14 Jahren bedient werden kann. Zahlreiche Einstellmöglichkeiten gestalten die Anpassung auch während der Wachstumsphasen. Für jedes Alter gibt es das passende Bike. Natürlich sind die Grafiken genau so cool wie beim Bike des Papas.

So wie im Grand Prix-Sport die Fahrer vom Red Bull Rookies Cup bis hin zur MotoGP durchgängig bei KTM Karriere machen können, ist das auch bei den Offroad-Fans der Fall. »Die Kids sind uns wichtig und um sie auf KTMs zu setzen, muss man sie früh abholen; das zeigt sich sogar bei unseren Werksfahrern«, so KTM Product Manager Offroad Joachim Sauer.

Ideal für die ersten Fahrversuche war die »50 Mini Adventure«. Durch die geringe Sitzhöhe von nur 53 Zentimetern war das Maschinchen für Kinder von vier bis sechs Jahren geeignet. Dreimal so viel Leistung hatte die sechs PS starke »Senior Adventure«. Ideal für die ersten Wettbewerbe ist die »50 SX« mit allen Attributen vollwertiger Wettbewerbsmotorräder wie Wasserkühlung, hydraulischen Scheibenbremsen und Marzocchi-Racing-Gabel.

Mit ihr können die Jüngsten im Alter von vier bis zehn Jahren unter Aufsicht der Eltern ihre ersten Wettkampf-Erfahrungen sammeln. Der Motor gibt die Leistung konstant und kontrollierbar über eine Fliehkraftkupplung ans Hinterrad ab.

Wesentlich kräftiger ist die »65 SX« für die angehenden Racer von acht bis zwölf Jahren, und die »85 SX« gibt den jungen Fahrern schon einen Vorgeschmack auf die hubraumstärkeren Motocross-Klassen. Abgesehen von den unterschiedlichen Radgrößen – die 85er gibt es mit 17/14 Zoll-Rädern als sogenannte »Kleinrad«-Version und mit 19/16 Zoll – unterscheidet sie sich kaum von einer 125 SX.

Diese Maschinen können bei den Renntrainings und Wettbewerben des Deutsche Jugend-Motocross-Verbands in fünf verschiedenen Klassen eingesetzt werden. Sogar eine eigene Meisterschaft wird da geboten. Der Amerikaner Zach Osborne, heute Top-Fahrer im amerikanischen Husqvarna-Team, startete zum Beispiel seine Karriere 2004 auf einer »KTM 85 SX«.

Für die Kleinsten ist die 50 SX gedacht (2019). (Foto: Heinz Mitterbauer)

Mit der »SX-E« kam 2020 ein elektrisch betriebenes Sportminicycle auf den Markt. Erfahrung mit Elektroantrieb für den Offroadbereich hatte KTM ja bereits mit der Freeride E sammeln können. Neu bei der »SX-E« war das »mitwachsende System«, bei dem die Höhe des Bikes dem Wachstum der Kids angepasst werden kann. Dazu war die Leistung an unterschiedliche Alters- und Fahrergruppen anpassbar.

For Future: Das Minicycle mit Elektroantrieb SX-E kann durch den Austausch von Fahrwerkskomponenten dem Alter des Fahrers angepasst werden. (Foto: Heinz Mitterbauer)

Eine 85 SX, Modelljahr 2019. (Foto: Heinz Mitterbauer)

RALLY-MOTORRÄDER

Die Erfolge in der Enduro- und Motocross-Weltmeisterschaft machten KTM zwar Szene-Insidern bekannt, das Gros der Motorradfahrer mit weniger geländesportlichen Interessen interessierte sich aber nur am Rande für die Nischenmarke aus Österreich. Doch die neue KTM-Leitung wusste: Um Wachstum zu generieren, mussten neue Käuferschichten erschlossen werden. Und das gelang KTM besser denn je. Ein erster Schritt war die Entscheidung, sich im populäreren Rallye-Sport zu versuchen – das Engagement legte den Grundstein für die Adventure-Modelle und die Dakar-Siege der späteren Jahre.

▲ *Nun auch mit dem neuen LC4: die 690 Rally Replica.*

▼ *Replicas der erfolgreichen Werksmaschinen waren die »660 Rally Customer Bikes« von 2003 und 2004. Die werksseitige Lackierung wich in der Regel bald großflächigen Sponsoraufklebern.*

Auf Basis der 620 Adventure gab es für die sportlich Ambitionierten erstmals eine Kleinserie der 620 »Rallye« (die sich damals noch mit »e« schrieb). Nach den ersten Siegen bei der Rallye Dakar wurden auf Bestellung für Kundenteams sogenannte »Customer Bikes« gebaut, bei denen es sich um Replikas der erfolgreichen Werksmaschinen handelte. Bis 2006 wurde der LC4-Motor der ersten Generation verwendet, ab 2007 der neue 690 LC4.

Seit Fabrizio Meonis erstem Dakar-Sieg für KTM im Jahr 2001 ist es bis 2019 keinem anderen Fabrikat mehr gelungen, die populäre Rallye zu gewinnen, obwohl KTM mehrfach durch Reglementsänderungen eingebremst werden sollte. Aber selbst nach der Limitierung des Hubraums auf 450 Kubik im Jahr 2011 führte kein Weg an KTM vorbei, auch wenn die Konkurrenz zwischenzeitlich deutlich stärker geworden ist.

Wie bereits früher mit der »660 Rally Factory Replica« und der »690 Rally Factory Replica« gab es auch weiterhin in limitierter Auflage »Customer Bikes« für Kundenteams, die über jeden KTM-Händler bestellt werden konnten. Die Production-Racer entsprechen in Design und Layout meist den jeweiligen Vorjahres-Werksmaschinen. Die 2019er »450 Rally Factory Replica« bekam überdies einen neuen leichten Gitterrohrrahmen aus Chrom-Molybdän-Rohr, der das Handling und die Stabilität verbessern soll. Der hintere 16 Liter fassende Tank war als selbsttragender Heckrahmen ausgeführt. Zusammen mit den übrigen Tanks und voneinander unabhängigen Benzinpumpensystemen konnte der Fahrer so die Gewichtsverteilung dem jeweiligen Gelände anpassen.

▼ *Die 450 Rally Customer Bike von 2011. (Foto: Heinz Mitterbauer)*

◂ *Der Motor der 450er Rally mit staubgeschützt angeordnetem Luftfilterelement. (Foto: Claus Urkauf)*

▾ *Die 2019er 450 Rally Customer Bike. (Foto: Heinz Mitterbauer)*

STRASSENMOTORRÄDER

NAKED BIKES

Die »Duke«, kompromisslos auf Fahrspaß getrimmt, ist der vielleicht wichtigste Meilenstein in der Geschichte des österreichischen Herstellers. Sie war das erste Straßenmotorrad der wiederauferstandenen Marke und hat die Tür zum »Onroad«-Segment aufgestoßen. Und damit stieg KTM zum größten europäische Motorradhersteller auf, denn ein Großteil des Absatzes entfällt heute auf die Straßenmaschinen. Begonnen hat alles 1994 mit der »620 Duke«.

DIE DUKE-MODELLE

Neben der Weiterentwicklung der Enduros arbeitete die Entwicklungsabteilung an neuen Konzepten, um das Angebot erweitern zu können. Eines dieser Projekte sollte ein Spaßbike für die Straße werden, angetrieben vom hochmodernen wassergekühlten LC4-Single aus der Wettbewerbs-Enduro. Supermotard-Replicas, hochbeinige Funbikes, basierend auf Enduros mit straßentauglicher Bereifung, waren damals in Mode, der Begriff »Supermoto« war aber noch nicht einmal in Frankreich geläufig. Das Fahrzeug – Projektname war »Terminator« – sollte auf 17-Zoll-Reifen rollen, für die Verzögerung sorgte eine Vierkolben-Festsattelbremse von Brembo, die in eine Bremsscheibe mit 320 Millimeter Durchmesser biss. Dazu kamen hochwertige Federelemente von WP Suspension (im deutschsprachigen Raum bis heute noch unter dem ursprünglichen Namen »White Power« ein Begriff). Die Upside-Down-Gabel und das Zentralfederbein mit progressiver Umlenkung boten zahlreiche Einstellmöglichkeiten. Dieses Fahrwerk, kombiniert mit hochwertigen Federelementen, versprach einen Kurvenräuber per excellence.

Doch noch zwei Wochen vor der Präsentation auf der IFMA fehlte ein markanter Name für das bisher namenlose Ausstellungsbike, erinnert sich Wolfgang Felber, damals Projektleiter. Dessen persönlicher Favorit lautete übrigens »Quasar«. Auf der Vorschlagsliste stand aber auch der Name »Duke« als Erinnerung an Geoff Duke, den sechsfachen Weltmeister, der

▲ *Hochbeiniger Prototyp von 1993. Der Aufkleber zeigt noch die frühe Fassung von »The Duke«.*

▲ *Ein zweiter Prototyp mit Cockpitverkleidung – im Hintergrund das endgültige Design.*

▲ Ungewöhnlich für ein Motorrad war die Farbgebung der 620 Duke »First Edition«: Sie trug ein schreiendes Orange.

▲ Die gelbe »Third Edition« war 1996 die erste LC 4-KTM mit E-Starter. (Foto: Leo Keller)

▲ Die »Last Edition« von 1998 in der Farbgebung der »First Edition« hatte nun schon den 640er Motor. (Foto: Leo Keller)

in den frühen 50er Jahren auf den legendären Norton-Einzylindermaschinen fast unschlagbar war.

Auf dem Weg in die Chefetage traf Wolfgang Felber im Treppenhaus auf Kalman Cseh, damals zuständig für solche Dinge, und zeigte ihm die Liste – Cseh gefiel auf Anhieb »Duke«, wobei er da weniger an den britischen Rennfahrer als an »Duke« im Sinne von »Herzog« dachte.

Auf den fetzigen Aufklebern, die der Grafiker entworfen hatte, war dann »The Duke« zu lesen – auch nicht schlecht, war doch »The Duke« der Spitzname des englischen Multi-Weltmeisters.

▲ *Die »Unit« sollte ein Alltagsmotorrad werden. Das Projekt wurde nicht realisiert, doch der Zyklopenscheinwerfer schaffte es bei der späteren Duke in die Serie. (Foto: Keller)*

Ein großer Teil der Komponenten des einzylindrigen Spaßmobils stammte von der LC4, ohne dass dies auf den ersten Blick zu erkennen gewesen wäre. Eine markante Frontverkleidung mit Ellipsoid-Doppelscheinwerfer und eine Lackierung in Orangemetallic machte die von Gerald Kiska verantwortete »Duke« unverwechselbar. 1994 begann die Serienfertigung, jetzt aber mit dem auf 609 cm^3 gebrachten und auf 50 PS erstarkten LC 4: das machte die KTM 620 Duke zur kräftigsten Single auf dem Markt. Der fahrfertig nur 143 kg wiegende Eintopf rollte auf 120/70-17 und 160/60-17 großen Reifen – übrigens auch heute noch die Standardbereifung der meisten Supermotos wie auch der aktuellen 690er Duke. Anfangs gab es die Duke sogar mit dem kleineren 400er Motor.

Von der sogenannten »First Edition« wurden insgesamt 500 Stück gebaut, davon waren 50 Vierhunderter. Die Exklusivität kaufte man anfangs also gleich mit, nicht aber einen E-Starter. Über einen solchen durften sich die Duke-Besitzer erst ab 1996 freuen. 1997 reduzierten ein Sekundärluftsystem und ein ungeregelter Kat die Schadstoffe. 1998 bekam die »Last Edition« den neuen 640er Motor, der später auch die Duke II befeuern sollte. Bis zum Modellwechsel liefen in Mattighofen insgesamt etwa 4000 Dukes von den Produktionsbändern. In jedem Modelljahr gab es die Duke immer nur in einer Farbe: 1994 in Orange, 1995 in Schwarz, 1996 in Gelb, 1997 wieder in Schwarz und 1998 wieder in Orange.

Die 620er Duke von 1994 ist der Urahn aller KTM-Straßenbikes mit Viertaktmotor. Alle Naked Bikes tragen seitdem den Namen »Duke«.

Die 1996 präsentierte Studie »Unit«, die als alltagstaugliches Straßenbike mit LC4-Single gedacht war, ging nie in Produktion. Das Konzept eines alltagstauglichen »Brot-und-Butter-Motorrads« passte nicht in die damalige Richtung. Die charakteristischen übereinander liegenden Scheinwerfer aber blieben erhalten und finden sich in späteren Modellen wie der Duke II wieder.

Die 640 Duke II

Konnte die 620er Duke ihre Abstammung von den Enduro-Bikes nicht ganz verheimlichen, sah das bei der »Duke II« schon ganz anders aus. Maßgeblich für das völlig andere Erscheinungsbild waren die filigranen Gussräder und zwei schlanke Schalldämpfer, die unter der Sitzbank verlegt waren. Und schon lange, bevor überhaupt jemand an LED-Signaturen dachte, war die 1999 erschienene »640 Duke II« als einziges Motorrad überhaupt sogar im Rückspiegel zweifelsfrei erkennbar: Ihre beiden übereinanderliegenden Ellipsoid-Scheinwerfer bildeten ein einzigartiges Stylingelement, das lange blieb: Über viele Jahre hinweg gab es bei KTM nach der »Ur-Duke« nichts mehr, was zwei Scheinwerfer nebeneinander hatte. Wie bereits die Ur-Duke blieb die »Duke II« immer recht exklusiv, was nicht zuletzt am hohen Preis der bis 2006 gebauten KTM lag.

Wie üblich, gab es jedes Jahr neue Farben, auch da blieb man der mit der ersten Duke begonnen Linie treu. Titan Silver, Lime Green, Arctic White, Orpheus Black und Chili Red charakterisierten das jeweilige Modelljahr, und wie gehabt war die Auflage meist limitiert. Größere Modellpflegemaßnahmen gab es nur 2003: Neben einer hydraulisch betätigten Kupplung und einer schwimmend gelagerten vorderen Bremsscheibe wurde der Zylinderkopf überarbeitet und erhielt größere Auslassventile. Die neuen Motoren waren an dem »High Flow«-Schriftzug auf dem Zylinderkopf erkennbar.

▲ 1999 gab es die 640 Duke II auch in Lime Green. Schalldämpfer und Felgen waren bei der »Limette« schwarz statt silber. (Foto: Leo Keller)

▼ Black und Chili Red hießen die Farben des Jahres 2005. (Foto: Heinz Mitterbauer)

◄ Die nur 140 Kilo leichte Duke II des Jahres 1999 in Titan Silver wies unverkennbar noch Parallelen zu den Enduro-Modellen auf.

690 Duke 3 – ein neuer Motor erschließt neue Zielgruppen

2008 folgte mit der »690 Duke«, halboffiziell auch »Duke 3« genannt, die dritte Auflage des Funbikes. Sie hatte aber anders als ihre beiden Vorgängergenerationen weder optisch noch technisch Ähnlichkeiten mit einer Enduro, da sie von Grund auf als Straßenmaschine konzipiert war. Highlights waren der Gitterrohr-Rahmen, eine gegossene Schwinge und vor allen Dingen der unter dem Motor liegende kurze Schalldämpfer, wie er bereits vom Superbike RC8 bekannt war. Zwei Jahre später folgte die mit vielen KTM Power Parts aufgewertete »690 Duke R« mit orangefarbigem Rahmen, dem Erkennungszeichen aller KTM-R-Modelle. Wie schon die 640er, so hatte auch die 690er die markanten, übereinander angeordneten Ellipsoid-Elemente an der Front.

▲ *2006 war mit der »Last Edition« gleichzeitig auch das Ende des 640er LC 4-Motors gekommen. (Foto: Leo Keller)*

In unregelmäßigen Abständen präsentiert KTM auf Messen zukunftweisende Motorradstudien. Im Zusammenhang mit der neuen LC4-Generation gab es 2008 eine spektakuläre Konzeptstudie namens »Stunt 690«. Besonders auffällig war die linksseitige Einarmschwinge, die es damals noch bei keiner KTM gegeben hatte. Eine Serienproduktion des Show-Bikes war nicht geplant, allerdings fanden sich bei späteren Serienmodellen viele Designelemente wieder, so beispielsweise die Einarmschwinge (bei der »1290 Super Duke R«) oder die Tankform.

◄ *Die dritte Duke-Generation von 2008 sowohl in Orange als auch in weißer Lackierung bei den Händlern. (Foto: Heinz Mitterbauer)*

◄ *Orange, weiß und schwarz – 2010 hatte das Top-Modell »690 Duke R Premiere«. (Foto: Heinz Mitterbauer)*

► *Die Studie »Stuntbike« von 2008 nahm Stilelemente der späteren vierten Duke-Generation vorweg. (Foto: Heinz Mitterbauer)*

690 Duke / 690 Duke R

Mit der »620 Duke« von 1994, die 2019 ihr 25-jähriges Jubiläum feierte, hatte die im November 2011 auf der Mailänder EICMA vorgestellte vierte Generation des handlichen Straßenfegers nicht mehr viel gemeinsam. War der Ur-Duke noch deutlich ihre Abstammung von den Offroadmaschinen anzusehen, so war die »690 Duke«, die 2012 in die Schaufenster kam, eine eigenständige Konstruktion, bei der auch Sozius- und Langstreckentauglichkeit im Lastenheft standen. Darin unterschied sie sich auch von ihrer unmittelbaren Vorgängerin, der »Duke 3«, die noch eher als »Fun-Bike« denn als alltagstaugliches Naked Bike gelten musste. Mehr als 90 Prozent der Teile waren gegenüber dem Vorgängermodell neu, was man bereits auf den ersten Blick sehen konnte. Das extravagante Design des Vormodells, das sicherlich nicht jedermanns Geschmack war, gehörte der Vergangenheit an. Statt der beiden übereinanderliegenden zyklopenähnlichen Ellipsoid-Scheinwerfern gab es nun einen recht konventionellen Scheinwerfer in der angedeuteten Cockpitverkleidung. Die Tankverkleidung erinnerte an das bereits einige Zeit zuvor gezeigte Showbike »690 Stunt«, nach wie vor unverkennbar kiska-kantig, aber eben nicht polarisierend.

Der Gitterrohrrahmen ähnelte der Dreier-Duke, hatte aber im Gegensatz zu dieser ein angeschraubtes Rahmenheck aus Aluguss, in dem der Luftfilterkasten integriert war. Hausmannskost waren hingegen die Federelemente. Vorne bot eine nicht einstellbare 43er Upside Down-Gabel von WP 135 Millimeter Federweg, soviel wie auch das zumindest in der Federvorspannung verstellbare hintere WP-Monoshock-Federbein. Das serienmäßige abschaltbare ABS entstammte der 990 SM-T, wurde aber hinsichtlich des Regelverhaltens sportlicher abgestimmt.

Der Motor basierte auf der Vorgänger-R, hatte also tatsächlich 690 Kubik im Vergleich zur 654 Kubik großen Basisversion. Mit Doppelzündung und Ride by Wire ausgestattet, leistete der Antrieb glatte 70 PS, womit das »Blaue Band« für den stärksten Einzylindermotor auch weiterhin in Mattighofen blieb.

2012 erschien die vierte Generation der Einzylinder-Duke. (Foto: Heinz Mitterbauer)

▲ *Sogar eine eigene Rennserie gab es – die »Duke Battle«. Kennzeichen dieser Rennmaschinen war das spezielle Racing-Zubehör.*

»Ein Zylinder – tausend Talente. Willkommen in der neuen Duke-Welt«, warb KTM damals. Das war nicht einmal zu viel versprochen. Eine Sitzhöhe von gerade einmal 835 Millimeter ließ die früheren Enduro-Gene vergessen, ein 14 Liter großer Tank in Verbindung mit recht geringem Verbrauch von nicht einmal vier Litern machte die Duke sogar eingeschränkt tourentauglich. Dazu wurden im hauseigenen Zubehörprogramm Koffer mit entsprechendem Trägersystem angeboten. Zusammen mit dem über 1500 Euro niedrigeren Preis und auf 10.000 Kilometer verdoppelten Wartungsintervallen gegenüber der doch recht exklusiven »Duke 3« war die Duke nun deutlich alltagstauglicher und erschloss für KTM neue Käuferschichten. Die Folge: die Verkaufszahlen verdreifachten sich im Vergleich, die vierte Duke-Generation wurde ein Erfolg. In Deutschland überstieg die Nachfrage zeitweilig sogar die Liefermöglichkeiten.

Wie üblich, folgte Ende 2013 mit der »690 Duke R« eine wesentlich besser ausgestattete Variante, die ungefähr den beim Markencup »Duke Battle« eingesetzten Rennern entsprach. Ein Motorschutzbügel setzte optisch den nun orangefarbigen Gitterrohrrahmen fort, die Federelemente ließen keine Wünsche mehr offen. Die WP-Upside Down-Gabel war im Split-System aufgebaut: Während ein Holm für die Druckstufendämpfung zuständig war, übernahm der andere Holm die Zugstufendämpfung. Beide Gabelholme wurden in orangefarbig eloxierten CNC-gefrästen Gabelbrücken geklemmt und waren ohne Werkzeug verstellbar. Lediglich die Federspannung konnte nicht verstellt werden, aber das wäre tatsächlich Jammern auf hohem Niveau. Voll einstellbar hingegen war das hintere, ebenfalls von WP stammende Monoshock-Federbein. Bedingt durch die Federelemente war die Sitzposition etwa 20 Millimeter höher als bei der Basis-Duke, andere Fußrasten sorgten für eine sportlichere Sitzposition.

▼ *Die 690 Duke R hatte mit hochwertigen Brembo-Bremsen, Akrapovic-Auspuff und einer aktiveren Sitzposition die Renner aus der Duke Battle-Serie zum Vorbild. (Foto: Heinz Mitterbauer)*

▲ *Der Ventiltrieb des 690er LC4-Motors von 2016. Gut zu sehen ist die zweite Ausgleichswelle. (Foto: Studio MAC)*

Die Brembo-Monobloc-Zange am Vorderrad mit Radialbremspumpe gehörte seinerzeit zum Besten, was der Markt bot und war auch an der Ducati Panigale zu finden, dazu bot das ABS einen zusätzlichen Supermoto-Modus, bei dem das Hinterrad-ABS abgeschaltet werden konnte. Und last but not least gab es bei der »R« einen Akrapovic-Slip-on-Schalldämpfer, der für ein geringes Leistungsplus von etwa zwei PS sorgte.

Im Modelljahr 2016 folgte die nächste Überarbeitung, die über den Wechsel von Farben und Dekor hinaus ging. Wenn die von KTM als »5. Generation« bezeichnete Duke auf den ersten Blick auch wie das Vorgängermodell aussah, so täuschte dieser Eindruck doch. Geblieben waren die stilbildenden Elemente wie Gitterrohrrahmen, das schlanke Heck und das kantige Kiska-Design, während der Motor kräftig überarbeitet wurde, um die neuesten Abgasbestimmungen einhalten zu können. Dazu gab es für die jüngste Duke-Generation ein neues Elektronik-Paket, wie es teilweise schon bei den größeren Modellen zum Einsatz kam.

Während der Hubraum mit 690 Kubik gleich blieb, wurde die Bohrung um drei Millimeter vergrößert und der Hub entsprechend verringert. Die Nockenwelle erhielt nun die Funktion einer zweiten Ausgleichswelle, was für einen überraschend kultivierten Motorlauf des nun 73 PS (75 PS bei der »690 Duke R«) starken Aggregats sorgte. Neben einem abschaltbaren schräglagenabhängigen Zweikreis-ABS erhielt die Duke nun auch drei wählbare Fahr-Modi (»Street«, »Sport« und »Rain«), die Einfluss auf die Kraftentfaltung und Leistungscharakteristik nahmen. Optional erhältlich war ein »Track Pack« mit Traktionskontrolle, Motorschleppmomentregelung und Supermoto-Modus, bei dem das ABS für das Hinterrad separat deaktiviert werden konnte. Mit dem neuen TFT-Farbdisplay, das die wichtigsten Informationen zeigte, gehörte das doch recht schlichte Anzeigeninstrument des Vorgängermodells nun der Vergangenheit an.

Ende des Jahres 2019 dankte die »Queen Mum der Duke-Dynastie«, so die Zeitschrift »Motorrad«, still und leise ab. Bereits 2018 hatte die »690 Duke R« die Bühne verlassen. Die zweizylindrige 790er Duke und die noch leistungsstärkere 890 Duke R bewegten viele Duke-Fans zum Um- und Aufstieg. Zu Beginn des neuen Jahrzehnts findet sich nur noch in Form der gerade erst runderneuerten »690 SMC R« eine Einzylinder-Alternative zu den massenkompatibleren Zweizylindern, wobei diese »SMC R« noch von der Enduro abstammt. Und wer den Einzylinder auf Asphalt bewegen möchte, wird bei der Schwestermarke Husqvarna fündig: Der Single sorgt dort in der »Vitpilen 701« für Vortrieb.

▲ *Der Gitterrohrrahmen der 690 Duke mit gegossenem Rahmenheck aus Alu und Fachwerkschwinge. (Foto: Heinz Mitterbauer)*

DIE KLEINEN DUKE

Der Vollständigkeit halber müssen an dieser Stelle zwei Modelle erwähnt werden, die kaum Spuren in der Motorradgeschichte hinterlassen haben: die »Sting« und deren Schwester LC2. Sie verdanken ihre Entstehung der Tatsache, dass Inhaber des Autoführerscheins (sofern dieser vor dem 1.4.1980 erlangt worden war) Leichtkrafträder mit 125 Kubik fahren durften. Das führte zu einem Zulassungsboom, von dem KTM 1998 zu profitieren gedachte.

Für Freunde der Enduros gab es die »LC2« in der »Kriegsbemalung« der Wettbewerbsmaschinen und für diejenigen, die sich eher auf kurvigen Sträßchen wohlfühlten, die »Sting« im Duke-Styling. Natürlich war der 125er Wettbewerbsmotor für ein derartiges Leichtkraftrad auch in einer Drosselvariante alles andere als geeignet, deshalb wurden die beiden Leichtkrafträder von einem wassergekühlten Minarelli-Motor angetrieben.

▲ *Die »Sting« war eine 125er, glich aber bis auf den Zweitaktmotor optisch den damaligen Duke-Modellen.*

◄ *Ein Jahr nach Beginn der Zusammenarbeit mit Bajaj präsentierte KTM-Chef Stefan Pierer 2009 die ersten Concept Bikes.*

▸ *In den ersten Jahren gab es die kleine Duke in zahlreichen unterschiedlichen Farbkombinationen. (Foto: Rudi Schedl)*

Für die Alltagstauglichkeit des Aggregats sorgten ein E-Starter und eine Ausgleichswelle. Mit einer Höchstgeschwindigkeit von 80 km/h in der gedrosselten Version waren die gesetzlichen Voraussetzungen für Leichtkrafträder erfüllt. Die beiden Maschinen verschwanden aber bald wieder aus dem Programm. Erst 2011 bot KTM wieder Einsteigermotorräder an, diesmal allerdings mit Viertaktmotor.

2008 hatten KTM und der indische Motorradhersteller Bajaj Auto Ltd. eine Kooperation vereinbart, um einsteigertaugliche Straßenmotorräder unterhalb der LC4-Familie zu entwickeln. Mit dem Know-how von KTM entstanden die kleinen Duke-Modelle mit Hubräumen von 125, 200 und 390 Kubikzentimetern, die von Anfang an in Indien gefertigt werden sollten. Schon das erste gemeinsame Modell, die ab 2011 lieferbare »125 Duke«, bot serienmäßig eine umfangreiche Ausstattung, angefangen von hochwertigen Federelementen über ein Multifunktionscockpit bis hin zu ABS. Deutlich kräftiger als die Achtelliter-Maschine geriet die praktisch baugleiche 200er, die allerdings nur für außereuropäische Märkte gedacht war. Die

◂ *Die 200 Duke (2012) und die etwas größere 250 Duke (2015) waren nicht für den europäischen Markt bestimmt, sondern für Schwellenländer. (Foto: Heinz Mitterbauer)*

▼ *Die 390 Duke der ersten Generation von 2012. (Foto: Heinz Mitterbauer)*

Einsteigerfamilie komplettierte 2013 die »390 Duke«. Mit 44 PS blieb das Top-Modell allerdings deutlich unter der erlaubten Leistungsgrenze von 48 PS für A2-Führerscheininhaber. Der Grund lag in der gesetzlichen Vorgabe, wonach das Verhältnis von Leistung zu Gewicht den Faktor 0,2 nicht überschreiten darf. Die 390er war dafür jedoch zu leicht, und um die überragende Handlichkeit beibehalten zu können, verzichteten die Techniker darauf, dem Kurvenfeger zusätzliches Gewicht aufzubürden. Ganz ehrlich: Das Leistungsmanko gegenüber der Konkurrenz bestand maximal auf dem Papier, auf der Straße wedelte kein anderes 48-PS-Bike so leichtfüßig durch das Kurvengeschlängel wie diese 44-PS-KTM.

▸ *Natürlich konnte auch die 390 Duke mit zahlreichen Powerparts optisch veredelt werden. (Foto: Heiko Mandl)*

▲ *Die Achtelliter-Duke, Modelljahr 2017. (Foto: Rudi Schedl)*

2017 folgte die zweite Generation; die kleine Duke-Reihe wirkte nun wesentlich erwachsener. Vom neuen LED-Scheinwerfer über den 13 Liter fassenden Stahltank mit seitlichen Spoilern, der seitlich geführten Auspuffanlage bis hin zum neuen angeschraubten Heckrahmen war das Design eng an der »Super Duke R« angelehnt. Der Fahrer schaute auf ein modernes TFT-Display, wahlweise sogar mit Bluetooth-Freisprecheinrichtung und Audioplayer. Der 15 PS starke 125 Kubik-Motor unterschritt sogar die Grenzwerte der Abgasnorm Euro 4. Nicht in Deutschland erhältlich war die 30 PS starke Viertelliter-Duke als Nachfolgerin der 200er; ebenfalls Euro 4-konform (und in Deutschland zu haben) war die gut 43 PS leistende 390er. Sie unterschied sich durch eine größere vordere Bremsschreibe mit nun 320 Millimeter und einstellbare Handhebel vom Vormodell. Wie bei KTM üblich, hielten die Österreicher auch für die kleinen Duke-Modelle ein umfangreiches Zubehör-Programm parat, das vom Akrapovic-Schalldämpfer mit Karbon-Außenhülle bis zu Wave-Bremsscheiben reichte.

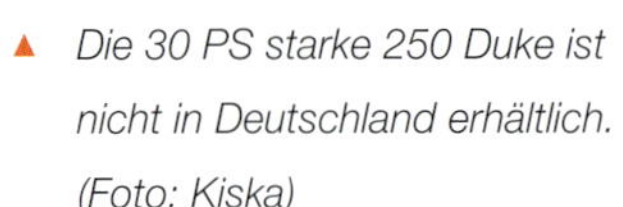

▲ *Die 30 PS starke 250 Duke ist nicht in Deutschland erhältlich. (Foto: Kiska)*

▶ *»The Corner Rocket«, so preist KTM die leichte und kräftige 390 Duke an. (Foto: Studio MAC)*

◂ *Das Showbike 950 Duke von 2003 entsprach schon weitgehend der späteren Serienmaschine. (Foto: Heinz Mitterbauer)*

▾ *Die Serienversion hatte aber den größeren Motor und war im ersten Verkaufsjahr 2005 in den Farben Schwarz und Orange erhältlich. (Foto: Francesco Montero)*

990 SUPER DUKE

Als im Jubiläumsjahr 2003 mit der »950 Adventure« die erste Zweizylinder-KTM in den Handel kam und in erster Linie natürlich wie eine typische Groß-Enduro wirkte – was ja durchaus der KTM-DNA entsprach –, so lag es doch nahe, um den LC8-Motor herum ein kompetentes Straßenmotorrad zu bauen. Schließlich hatten die Österreicher schon 1994 die »620 LC4« in ein Straßenmotorrad verwandelt, warum also nicht eine Zweizylinder-Duke auf die Räder stellen? Noch vor dem Verkaufsstart der Adventure zeigte KTM eine Studie eines solchen Straßenbikes, die »950 Duke«. Etwa zur gleichen Zeit hatte Sachs in Deutschland auch eine V2-Studie namens »beast« als Showbike auf Messen gezeigt, aber KTM hatte die besseren Karten: Die Österreicher nämlich verfügten über einen eigenen leistungsstarken Motor, eine starke Marke und ein etabliertes Vertriebsnetz, kurzum über alles, was den Franken fehlte. So war es eigentlich nur logisch, dass das Showbike zur Serienreife gedieh. Spätestens jetzt war offensichtlich, dass KTM sich auch als Anbieter großvolumiger Straßenbikes etablieren und das Feld nicht der Konkurrenz überlassen wollte.

Zur Auslieferung gelangte der Straßen-Twin aber erst zur Intermot 2004 mit dem größeren Motor; die Verkaufsbezeichnung lautete – wenig überraschend – »990 Super Duke«. Nach dem Anspruch von KTM sollte sie leichter und wendiger sein als alles, was bisher im Bereich der großvolumigen »Naked Bikes« angeboten wurde. Von Anfang an war die »Super Duke« ein kompromissloses Straßenmotorrad, das sich durch agiles Handling, innovative Technik und ein eigenständiges Design von den Konkurrenz abhob. Während der LC8-Motor von der Adventure abstammte, kamen WP-Federelemente und drei schwimmend gelagerte Stahlschreiben mit Brembo-Vierkolben-Bremszangen zum Einsatz, die in Verbindung mit dem niedrigen Fahrzeuggewicht von nur rund 185 Kilogramm für hervorragende Verzögerungswerte sorgten. Eine modifizierte Version gab es ab 2007, dazu kam mit der einsitzigen »990 Super Duke R« ein leistungsstarker Streetfighter hinzu. Äußerlich erkennbar war die Zweizylinder-R wie alle R-Versionen am orangefarbigen Gitterrohr-Rahmen und hochwertigen Teilen wie einer gefrästen oberen Gabelbrücke.

▲ 2007 legte KTM mit der einsitzigen 990 Super Duke R nochmals nach.

◄ Die Super Duke R in den Farben der Saison 2009. (Foto: Freeman)

▲ *Prototyp der 1290 Super Duke R von 2012. (Foto: Rudi Schedl)*

1290 SUPER DUKE R

Für die erste öffentliche Ausfahrt der »1290 Super Duke R« hätte die Örtlichkeit nicht treffender gewählt sein können: Beim Goodwood »Festival of Speed« pilotierte der ehemalige Moto GP-Star Jeremy McWilliams den Prototypen, der schon auf Mailänder Motorradmesse EICMA im November 2012 zu sehen war, über den 1,8 Kilometer langen Kurs. Die neue »Über-Duke« hatte den auf 1301 Kubikzentimeter vergrößerten LC8 aus der RC8 und brachte laut Werk 180 PS. So wundert es nicht, dass KTM dem weltweit stärksten Naked Bike den Beinamen »The Beast« verpasste. Aber nicht nur der per »Ride by Wire« gesteuerte Motor, der nur 62 Kilogramm auf die Waage brachte, bot Technik vom Feinsten, auch beim Fahrwerk durften die Konstrukteure aus dem Vollen schöpfen. Im Gitterrohrrahmen führte eine Einarmschwinge das Hinterrad, die schräglagenabhängige Traktionskontrolle MTC und das Bosch Zweikanal-ABS waren von Anfang an Serie. Der Pilot wurde von einem analogen Drehzahlmesser und gleich zwei LCD-Displays informiert.

▲ *Die 1290 Super Duke R, Modelljahr 2013. (Foto: Heinz Mitterbauer)*

▲ *Die SDR: ein heißes Eisen für Track Days. (Foto: Rudi Schedl)*

2017 folgte die zweite Generation – nun mit 177 PS und noch fülligerer Drehmomentkurve. Dazu wurde das Fahrwerk überarbeitet in Richtung mehr Stabilität und Präzision bei hohen Geschwindigkeiten. Äußerlich gleich am markanten LED-Schweinwerfer mit Tagfahrlicht erkennbar, erhielt die nun Euro-4-konforme »Super Duke R« zahlreiche Verbesserungen wie ein multifunktionales TFT-Display und elektronische Helfer. Neben den Fahrmodi »Sport« und »Street« wurde die Motorleistung im »Rain-Modus« auf 130 PS reduziert. Dazu sind Kurven-ABS, Traktionskontrolle, Supermoto-ABS serienmäßig, optional gibt es einen Quickshifter, Launch Control oder Wheelie-Modus im »Track Pack«. Eins sollte man aber nie aus dem Auge verlieren: ein derart extremes Motorrad wie das »Beast« verlangt vom Fahrer eine gehörige Portion Respekt.

▲ *Die 1290 Super Duke R Special Edition in besonders edler Lackierung. (Foto: Rudi Schedl)*

Als »re-Beasted« wurde auf der Mailänder EICMA im November 2019 die dritte Generation vorgestellt. Mit neuem Fahrwerk und neuer Elektronik speckte die »1290 Super Duke R« deutlich ab, während der überarbeitete LC8-Motor, nun in das neue Rahmenkonzept integriert, um die Torsionssteifigkeit zu verbessern, noch kräftiger zur Sache geht.

▸ *»The Beast«, Modelljahr 2019. Neben der weißen Ausführung ist die 1290 Super Duke R auch in Schwarz mit orangefarbigen Rädern erhältlich. (Foto: Kiska)*

▾ *Mit neuem Rahmenkonzept und armdicken Auspuffkrümmern erwies sich die 2020er Duke als imposante Erscheinung. (Foto: Kiska)*

Die 1290 Super Duke GT war bei ihrem Erscheinen im Jahr 2016 die teuerste KTM überhaupt. Das hat sich bis heute nicht geändert. (Foto: Sebas Romero)

1290 Super Duke GT

Wenn sie auch kein Naked Bike ist, so muss die »1290 Super Duke GT«, von KTM als »Sports Tourer« vermarktet, wegen der großen technischen Verwandtschaft mit der »1290 Super Duke R« an dieser Stelle eingeordnet werden. Mit der 2015 auf der Mailänder EICMA vorgestellten GT brachte KTM einen üppig motorisierten, aber trotzdem leichten und agilen Luxustourer auf den Markt. Natürlich brachte die GT schon ab Werk so ziemlich alles mit, was gut und teuer war: Alle im Motorradbau üblichen Fahrdynamik-Regelsysteme, ABS und Quickshifter, Heizgriffe, Cruise Control, ein einstellbares Windschild und LED Kurven- und Tagfahrlicht, dazu einen 23-Liter-Tank für ordentliche Reichweiten und ein verlängerter Heckrahmen mit integrierten Haltern für das optional erhältliche Koffersystem – viel mehr ging damals eigentlich kaum. Sogar eine HHC genannte Berganfahrhilfe (Hill Hold Control) war optional erhältlich. Mit einem semiaktiven Fahrwerk von WP und 173 PS eignete sich der überraschend agile Supertourer genauso für komfortable Autobahnfernreisen wie für den Einsatz auf kurvigen Alpensträßchen. Das 2019er Modell wurde nochmals mit zahlreichen Verbesserungen und neuen Features perfektioniert. Das semiaktive Fahrwerk von WP erhielt ein neues Setup, bei dem der Fahrer auf Knopfdruck neben den Modi »Comfort«, »Street« und »Sport« auch Dämpfung, Federvorspannung oder den »Anti-Nick-Ausgleich« anpassen konnte. Die neugestaltete Verkleidungsscheibe ließ sich in neun verschiedenen Positionen fixieren, während die rechte Hand am Gasgriff bleiben konnte. Natürlich hatte ein derart komplett ausgestattetes Motorrad auch seinen Preis: Die »1290 Super Duke GT« war mit fast 19.000 Euro die teuerste KTM. Mit Zubehör aus dem hauseigenen Powerparts-Programm wie beheizten Sitzpolstern, Gepäcksystem, Wave-Bremsscheiben, Akrapovic-Schalldämpfer oder Karbon- und CNC-Teilen ließ sich der Grundpreis aber problemlos auf über 25.000 Euro steigern.

Bildschön: Die weiße 1290 Super Duke GT mit den orangen Felgen von 2019. (Foto: Kiska)

▲ *Appetithappen – das Concept Bike der 790er Duke von 2016.*

790 DUKE/890 DUKE R

Im populären Mittelklasse-Segment zwischen 600 und 900 Kubik klaffte im KTM-Programm eine große Lücke, zumal große Einzylinder nicht jedermanns Sache sind. Aus ökonomischen Erwägungen bot sich für KTM die Entwicklung eines Reihen-Zweizylinders an, der deutlich wirtschaftlicher zu fertigen war als ein V-Motor. Einen ersten Vorgeschmack gaben die Mattighofener im November 2016 auf der Mailänder EICMA, wo ein Concept Bike zeigte, wie eine Mittelklasse-Duke dann aussehen könnte. Um in der Mittelklasse konkurrenzfähig zu sein, muss ein solches Motorrad den Weg zur Arbeit genauso gut bewältigen wie den Wochenendausflug ins Kurvengeschlängel. Nicht zuletzt muss es noch erschwinglich sein und die Möglichkeit zur Drosselung für den A2-Führerschein bieten. Das alles ist KTM mit der 790 Duke offensichtlich gelungen. Das komplett neu entwickelte LC8c-Triebwerk (für »Liquid Cooled, 8 valves, compact«) holte aus seinen 799 Kubikzentimetern Hubraum nicht weniger als 105 PS (in der »790 Duke L« waren es 95 PS), wobei der Hubzapfenversatz von 75° für eine V2-ähnliche Geräuschkulisse sorgte. Von Anfang an war ein umfassendes Angebot an Fahrassistenzsystemen serienmäßig mit an Bord, so die Traktionskontrolle MTC, das Kurven-ABS sowie ein Regelsystem, das neben den Modi »Sport«, »Street« und »Rain« auch einen vom Fahrer frei konfigurierbaren Track-Modus bot, mit dem die Eingriffe der Traktionskontrolle in nicht weniger als neun Stufen eingestellt werden konnten. Ein Quickshifter ermöglichte Gangwechsel ohne Kupplungbetätigung, dazu kamen LED-Leuchten und TFT-Displays. Trotz dieser umfangreichen Ausstattung blieb die 790 Duke im Premierenjahr 2018 mit 9790 Euro knapp unter der 10.000-Euro-Grenze. Dazu gab es zahlreiches Zubehör aus dem Powerparts-Programm wie Wave-Bremsscheiben, Akrapovic-Slip-On-Endschalldämpfer oder CNC-gefräste Fußrasten, aber auch verschiedene Gepäcksysteme oder Sitzbänke in unterschiedlichen Höhen.

▼ *Der äußerst kompakt bauende neue Reihen-Zweizylinder bildet die Basis für eine ganze Reihe unterschiedlicher Baureihen. (Foto: Kiska)*

Auf einstellbare Federelemente indes musste die »790 Duke« aber verzichten, und die Bremsen stammten vom hierzulande wenig bekannten spanischen Hersteller JJuan, daher spekulierte die Presse schon früh über eine »R«-Version mit edleren beziehungsweise bekannteren Fahrwerkskomponenten. Nicht zuletzt wegen des Verkaufserfolgs – 2019 rangierte die 790er nach den ersten drei Quartalen auf Platz 6 in der deutschen Zulassungsstatistik – lässt eine solche »790 Duke R« noch auf sich warten.

▼ *Der schlanke Auspuff sieht nicht nur gut aus, sondern klingt auch wie ein V2-Motor. (Foto: Kiska)*

◄ *Die »R« gibt es seit 2020. Neben High-End-Federelementen und -Bremsen hat sie 100 Kubikzentimeter mehr Hubraum und etwa 15 zusätzliche PS. (Foto: Kiska)*

Deutlich mehr Substanz hatten aber die Gerüchte, welche von einer »890 Duke« wissen wollten, die als Sport-Tourer im Stil der »1290 Super Duke GT« vorrollen sollte. Auf dem EICMA-Messestand in Mailand stand tatsächlich eine 890er, und zwar als »890 Duke R«. Der größere Motor ging mit 121 PS nun deutlich druckvoller zu Werke, dazu gab es bessere Bremsen und ein voll einstellbares WP-APEX-Fahrwerk, wie es bereits 2012 bei der »690 Duke R« zum Einsatz gekommen war. Zusammen mit der geänderten Sitzposition war die 890er ein erstklassiges Wetzeisen für alle, denen die 790er nicht sportlich und radikal genug war.

► *Die schwarze 790 Duke ist sowohl offen und als 790 Duke L auch in einer Version, die Führerschein-A 2-gerecht gedrosselt werden kann, lieferbar. (Foto: Kiska)*

REISEMOTORRÄDER

620 ADVENTURE

Weil Reiseenduros gegen Ende des Jahrzehnts immer mehr in Mode kamen (BMW hatte mit der GS die Welle losgetreten) und der LC4-Motor zwischenzeitlich ausgereift und zuverlässig war, wurde die »Adventure« geschaffen. Sowohl E-Starter und ein batterieunabhängiger Kickstarter, ein 28 Liter fassender Tank und ein verstärktes Rahmenheck aus Stahlrohren für den Anbau von Koffern unterstrichen die Reisetauglichkeit, dazu kam die Optik der Rallyebikes.

Nach dem ersten Dakar-Sieg frischte KTM die 640 Adventure auf. Kennzeichen der 2002er Adventure waren der große Tank und die üppigen Dekorsticker ganz im Stile von Fabrizio Meonis Siegermaschine mit silberner Front und orangefarbigem Heck. Der 30 Liter fassende Tank ermöglichte lange Etappen, die rahmenfeste Verkleidung bot einen anständigen Windschutz, dazu gab es einen verstärkten Rahmen für das optional erhältliche Zubehör, wie es bei Fernreisen unverzichtbar war, etwa Alukoffer. Bis 2003 verzögerte vorne eine einzelne 300-Millimeter-Scheibe; außerdem war der vordere Kotflügel enduromäßig hochgelegt, was bei hohen Geschwindigkeiten auf Asphalt gelegentlich etwas Unruhe in den Lenker brachte. Für 2004 setzte KTM den Kotflügel niedriger und verdoppelte, bei gleichem Durchmesser, die Anzahl der vorderen Bremsscheiben. Die späteren Modelle waren ähnlich wie die Enduros in Orange oder Silber lackiert. Mit Erscheinen der zweiten LC4-Generation verschwand die Einzylinder-Adventure aus dem Programm.

▲ Die 620 LC 4 Adventure war in den späten 1990er Jahren die einzige reisetaugliche KTM.

◄ Die 640 Adventure R von 1998 hatte schon den größeren Motor.

◂ *Die 640 Adventure in der Optik von Meonis Dakar-Siegermaschine erschien 2002.*

▾ *Kennzeichen der ab 2004 gebauten Modelle: Der nun eng über dem Vorderrad liegende Kotflügel.*

DIE LC8 ADVENTURES

Seit der »620 Duke« von 1994 fährt KTM zweigleisig und baut nicht nur Geländesport-Maschinen, sondern auch Straßenmotorräder. Die ersten Maschinen waren kompetente Funbikes für Landstraßen-Räubereien und die kurvige Hausstrecke – Fernreisen gehörten nicht unbedingt zur Kernkompetenz der Straßen-KTM. Doch genau das verlangte der Markt in zunehmendem Maße, und um zu wachsen, mussten die Österreicher raus aus der Nische. Mit welcher Art von Motorrädern das zu schaffen war, zeigte BMW, und man darf sicher sein, dass sich KTM-Entwicklungsleiter Wolfgang Felber im Vorfeld sehr intensiv mit dem Konkurrenzumfeld beschäftigt hatte.

Das neue Projekt lief intern als »All Terrain Enduro«, und damit war auch die Richtung vorgegeben: Entstehen sollte ein zweizylindriges Motorrad für die Fernreisefraktion, das sowohl auf der Straße als auch im Gelände eine gute Figur abgeben sollte. Ganz neu indes war die Idee auch im Hause KTM nicht.

▲ *Der LC8 auf dem Prüfstand. (Foto: Heinz Mitterbauer)*

▼ *Erste Serie, 2003: 950 Adventure (rechts) und die sportlichere 950 Adventure S in der Wettbewerbsfarbe Orange. (Foto: Heinz Mitterbauer)*

Schon einige Jahre zuvor war in Zusammenarbeit mit dem Darmstädter Jens Polte, bekannt durch seine Rennaktivitäten bei den »Battle of Twins«, ein aus zwei 553 Kubikzentimetern großen LC4-Zylindern ein V2 aufgebaut worden. Das Projekt war aber nicht weiterverfolgt worden. Doch bei der Konzeption für die »All Terrain Enduro« entschieden sich die Projektverantwortlichen wieder für einen schmal bauenden Zweizylinder-V-Motor, der wesentlich mehr Möglichkeiten bot als jeder noch so große Single. Die mit 60 mm kurzhubige Auslegung sorgte für eine geringe Bauhöhe und der Zylinderwinkel von 75° gewährleistete kompakte Abmessungen. Auf der Intermot 2000 in München stellte KTM dann seinen völlig neuen Zweizylinder ein erstes Mal vor, drei Jahre später war dieser serienreif. Der V2 hieß in Anlehnung an den LC4-Einzylinder schlicht »LC8«, hatte einen Hubraum von 950 Kubikzentimetern und leistete gut 100 PS. Den passenden Rahmen bildete die Studie »950 Adventure«, die erste Reiseenduro aus Österreich und unverkennbar eine KTM.

Zwei Jahre später erreichte Fabrizio Meoni damit bei der Dakar-Rallye als Erster den Lac Rosé in der senegalesischen Hauptstadt. Es war der zweite KTM-Sieg bei der wohl populärsten Motorradrallye der Welt und der Beginn einer 18-jährigen Siegesserie, die erst bei der 2020er Auflage riss: Immerhin schaffte Pablo Quintanilla mit einer Husqvarna den zweiten Platz hinter Honda, Toby Price auf seiner KTM wurde Dritter.

▼ *Von Anfang an gab es für die Adventure-Modelle umfangreiches Zubehör. (Foto: Heinz Mitterbauer)*

▲ *In der Optik der Werkmaschinen – nur der Zigarettensponsor musste unkenntlich gemacht werden (2004). (Foto: Heinz Mitterbauer)*

▲ *Das Dakar-Logo verweist auf die Rallye-Maschinen. (Foto: Heinz Mitterbauer)*

▼ *Die 2009er Modelle waren in Weiß und in Orange erhältlich. (Foto: Heinz Mitterbauer)*

Die Markteinführung der 950 Adventure erfolgte dann 2003, dem 50. Jubiläumsjahr von KTM. Vom Start weg gelangte sie in gleich zwei Ausführungen zu den Händlern, als »Adventure« und »Adventure S«. Das silberne Basismodell unterschied sich von der orangefarbigen »950 Adventure S« durch eine geringere Sitzhöhe und andere Federelemente mit weniger Federweg. Beide hatten 98 PS, ein Leergewicht von knapp unter 200 Kilogramm und einen großen, fernreisetauglichen 22-Liter-Tank. Die »S« wurde als direkter Ableger der »950 Rally« (ohne »e«), dem nicht frei verkäuflichen Wettbewerbsmotorrad der KTM-Werksfahrer, vermarktet. Die hatte allerdings 133 PS und spielte damit in einer ganz anderen Liga. In Tests der Fachpresse schlugen sich die beiden Adventures gegenüber den bayerischen Platzhirschen überraschend gut. Größere Modellpflegmaßnahmen blieben aus, einzige wesentliche Änderung war die Absenkung der Sitzhöhe durch eine Reduzierung der Federwege um 20 mm. Obligatorisch war auch die von Zeit zu Zeit neu angemischte Farbpalette.

▲ *Zwischen den Einfüllstutzen für die beiden Tanks befindet sich ein verschließbares Staufach. (Foto: Heinz Mitterbauer)*

◄ *Mit der »Dakar Edition« erinnerte KTM 2011 an das Jubiläum der wohl populärsten Langstrecken-Rallye der Welt. (Foto: Heinz Mitterbauer)*

▲ Die »Baja«-Sonderserie war 2013 das letzte Modell der ersten Adventure-Generation. (Foto: Heinz Mitterbauer)

Erst 2006 wurde die »Adventure« grundlegend überarbeitet. Bedingt durch die Euro-3-Abgasnorm wuchs der Hubraum bei gleichbleibender Leistung um 50 auf 999 Kubikzentimeter. Ein neues Motormanagement mit elektronischer Keihin-Einspritzung anstelle der bisherigen Vergaser sorgte nun in Verbindung mit einem geregelten Katalysator für deutlich weniger Emissionen; für mehr Sicherheit sorgte das Brembo-Bosch-Zweikanal-ABS. Die Adventure war damit die erste KTM mit ABS. Wie bereits bei der 950er war die nunmehrige »990 Adventure S« fahrwerksmäßig extremer ausgelegt und erwies sich in Vergleichstests als der Sportler unter den Zweizylinder-Reiseenduros. Bei der Rallye Dakar indes durften mittlerweile keine Mehrzylindermaschinen mehr starten, was die Marketingstrategen aber nicht daran hinderte, das KTM-Flaggschiff mit dem Dakar-Logo der Siegermaschine von Fabrizio Meoni zu verzieren. Der KTM-Ausnahmefahrer war allerdings im Januar 2005 tödlich verunglückt.

▲ Die neue Generation der Adventure wies keine Ähnlichkeit mit den früheren Rallye-Bikes mehr auf. (Foto: Heinz Mitterbauer)

▲ Die 1190 Adventure R war die geländegängigste Großenduro der frühen 2010er Jahre. (Foto: Heinz Mitterbauer)

▲ *Die 1290 Super Adventure feierte auf der Intermot 2014 Premiere.*

▼ *KTM bot 2015 vier unterschiedliche Modelle von der 1050 Adventure bis zur 1290 Super Adventure an. (Foto: Francesco Montero)*

Die 2011 präsentierte noch sportlichere »990 Adventure R« war auf den ersten Blick durch den orangefarbigen Rahmen von der »S« zu unterscheiden. Kurz darauf, zehn Jahre nach Serienanlauf, wurde die 950/990-Reihe von einer völlig neuen Modellfamilie abgelöst.

2013 ging mit der »1190 Adventure« eine völlig neue Adventure-Generation an den Start und setzte gleich Maßstäbe im Segment der großen Reisemotorräder. Hier trafen 150 PS aus 1195 Kubik auf nur 230 Kilogramm, die vollgetankte Maschine bot ein ausgesprochen niedriges Leistungsgewicht. Wenn die neue Generation natürlich auch in der Tradition der erfolgreichen 950 Rally stand, nahm KTM jedoch Abschied vom Image des »Wüstenexpress«. Die tief heruntergezogenen Tankverkleidungen und die an die Sponsoren erinnernden Lackierungen gehörten nun der Vergangenheit an.

Das abschaltbare ABS der ersten Adventure-Generation wurde durch moderne Assistenzsysteme wie eine schräglagenabhängige Traktionskontrolle und ein ABS mit »combined braking-Funktion« ersetzt, das für das Modelljahr 2014 mit Boschs neuer MSC (Motorcycle Stability Control), einem schräglagenabhängigen Kurven-ABS, ergänzt wurde. Mit dieser Weltneuheit durfte sich KTM als Technologieführer beim Motorrad-ABS bezeichnen. Während die Basis-Adventure deutlich straßenorientiert war und mit schlauchloser Straßenbereifung auf 19 bzw. 17 Zoll großen Rädern eine Bandbreite vom gemütlichen Cruisen bis zum verschärften Gasgeben bot, sprach die »1190 Adventure R« Freunde von Großenduros an. Die Räder mit 21 bzw. 18 Zoll Durchmesser ermöglichten eine große Auswahl an Bereifungen vom eher straßenorientiertem Pneu bis hin zum Grobstöller. Hinzu kamen längere Federwege, serienmäßige Sturzbügel oder ein Hauptständer.

Gleich zwei weitere Versionen wurden Ende 2014 der Öffentlichkeit vorgestellt. Mit der auf der Intermot Köln präsentierten »1290 Super Adventure« und der wenige Wochen später auf der Mailänder EICMA gezeigten »1050 Adventure« umfasste die Adventure-Reihe nun neben der straßenorientierten »1190 Adventure« und der sportlicheren »1190 Adventure R« vier unterschiedliche Reisemotorräder.

▲ *Mit Gussrädern eher straßenorientiert – die 1050 Adventure von 2015. (Foto: Studio MAC)*

▶ *Die 1190 Adventure war deutlich besser ausgestattet als die 1050er. (Foto: Studio MAC)*

▲ *Reisen bis ans Ende der Welt – die Adventure-Modelle waren dafür bestens geeignet. (Foto: Rudi Schedl)*

Die »1290 Super Adventure« setzte als Top-Modell Maßstäbe bei den sportlich-luxuriösen Reiseenduros und ließ keinen Wunsch unerfüllt. Neben dem 1301 Kubik großen (Bohrung/Hub 108/71 Millimeter) und 160 PS starken Motor aus der »1290 Super Duke R« gab es ein umfangreiches Paket von Fahrerassistenzsystemen, von der Reifendrucküberwachung über die Stabilitätskontrolle MSC samt schräglagenabhängig arbeitendem ABS und die abschaltbareTraktionskontrolle MTC mit den Fahrmodi »Street«, »Sport«, »Rain« und »Offroad« bis zu einem serienmäßigen semiaktiven WP-Fahrwerk und Geschwindigkeitsregelanlage. Selbst eine Berganfahrhilfe war auf Wunsch lieferbar, denn immerhin erhöhte der 30 Liter fassende Tank das Trockengewicht von nur 222 Kilogramm beträchtlich.

Die 1050er mit einem Bohrung/Hub-Verhältnis von 103/63 Millimetern und offen 95 PS gab es auch in einer 48-PS-Drosselversion für Inhaber der Führerscheinklasse A2 als Einstieg in die Adventure-Familie. Neben einer niedrigen Sitzhöhe von 850 Millimetern und einem Gewicht von nur 212 Kilogramm war die »1050 Adventure« mit abschaltbarem ABS und Traktionskontrolle ausgestattet. Die kleinste Adventure, die an den filigranen Guss- statt Speichenrädern erkennbar war, bot damit alles, was man für Abenteuer und Reise braucht, allerdings musste man logischerweise gewisse Abstriche machen wie z.B. bei der nur 43 statt 48 Millimeter starken und nicht einstellbaren WP-Upside Down-Gabel oder der Traktionskontrolle ohne Offroadmodus, der aber zumindest optional erhältlich war.

Auf der Intermot 2016 in Köln zeigte KTM die vierte Generation der Adventure-Palette, die nun fünf unterschiedliche Modelle, drei 1290er und zwei 1090er, umfasste. Neben dem bisherigen Top-Modell, das nun »1290 Super Adventure T« hieß und jeden erdenklichen Komfort von Fahrassistenzsystemen bis hin zur beheizten Sitzbank bot, gab es noch zwei weitere Großenduros als Nachfolger der bisherigen »1190er«, jeweils 160 PS stark. Die 1290er »Super Adventure R« war die leistungsstärkste Offroad-Reiseenduro und auf den ersten Blick am orangefarbenen, knapp zehn Kilogramm schweren Gitterrohrrahmen und dem serienmäßigen Sturzbügel zu erkennen. Sie hatte die Stabilitätskontrolle (MSC), Schräglagen-ABS, Schräglagen-Traktionskontrolle (MTC) sowie diverse Fahrmodi und Speichenräder in den klassischen Größen 21 und 18 Zoll. Aufgezogen waren Conti Trail Attack II oder grobstollige Conti TKC 80-Pneus, allerdings ermöglichten die Felgengrößen je nach Einsatzzweck zahlreiche weitere Reifenalternativen bis hin zum Extrem-Grobstöller wie dem legendären Michelin Desert-Reifen. Die »1290 Super Adventure S« hatte hingegen Leichtmetallräder, kürzere Federwege, ein semiaktives Fahrwerk, Funkschlüsselsystem und LED-Scheinwerfer mit Kurvenlicht, richtete sich also eher an komfortorientierte Straßenfahrer. Alle 1290er informierten den Fahrer nun über ein 6,5 Zoll großes TFT-Display, das komfortabel von einem Menüschalter am linken Lenkerende bedient werden konnte. Die »1090 Adventure R« mit 125 PS betonte ihre Offroad-Kompetenz durch lange Federwege, voll einstellbare Federelemente und 10 Kilo weniger Gewicht als die größere 1290 er »R«. Neben den offroadtauglichen Drahtspeichenrädern mit 21 und 18 Zoll, besohlt mit den bewährten Conti TKC 80-Enduroreifen, gab es sowohl ein abschaltbares ABS als auch eine Traktionskontrolle, beide mit Offroad-Modus. Mit Metzeler Tourance Next-Reifen auf den 19 beziehungsweise 17 Zoll großen Leichtmetallrädern bereift, war die kompakte und leichte »1090 Adventure« – ganz ohne Namenszusatz – im Gegensatz zur »R« eher für den Einsatz auf der Straße ge-

▼ *Ein richtiger Luxusdampfer mit allem Komfort bis hin zur beheizten Sitzbank ist die 1290 Super Adventure T (2017). (Foto: Kiska)*

◂ *Die 1290 Super Adventure R legt eine beeindruckende Offroadtauglichkeit an den Tag. (Foto: Kiska)*

▾ *Die 1290 Super Adventure S richtete sich an komfortorientierte Straßenfahrer (2019). (Foto: Kiska)*

Die 1090 Adventure R ist die kleinere Schwester der 1290 Super Adventure R – und ebenfalls ausgesprochen offroadtauglich. (Foto: Fabian Lackner)

Das straßenorientierte Pendant zur »R« ist die 1090 Adventure. (Foto: Kiska)

dacht. Sie löste dazu die »1050 Adventure« als Einstieg in die Modellfamilie ab und sollte den Part des Allrounders erfüllen. Im Gegensatz zu den voll einstellbaren Federelementen der »1090 Adventure R« ist jedoch nur das hintere Federbein in Vorspannung und Zugstufendämpfung verstellbar. Ein optisch kaum auffallendes Trägersystem für Koffer war bei allen Adventure-Modellen Serie, dazu erfüllten alle »Adventures« die Abgasnorm Euro 4. Für das Modelljahr 2020 wurde die Palette der V2-Reiseenduros gestrafft. Mit der straßenorientierten »1290 Super Adventure S« und der eher offroadorientierten »1290 Super Adventure R« deckte KTM auch weiterhin den Einsatzbereich für Großenduros ab.

▲ *Das Showbike zeigte, wie die spätere Serienausführung der 790 Adventure aussehen könnte.*

790 ADVENTURE

Nachdem im Frühjahr 2018 die »790 Duke« mit dem Reihenzweizylindermotor LC8c (für »compact«) in den Schaufenstern der Händler stand, zeigte KTM schon bald darauf den Prototypen einer Adventure-Variante. Auf der EICMA in Mailand wurden im November dann gleich zwei Versionen der Öffentlichkeit gezeigt. Die »790 Adventure« war trotz ihrer an die Rally-Bikes erinnernden Optik für den Straßeneinsatz abgestimmt. Dies wurde besonders an der niedrigen Sitzhöhe deutlich, die zwischen 830 und 850 Millimetern lag, je nach

▲ *Modellierarbeiten am Ton-Modell – auch das Design der 790 Adventure entstand bei Kiska.*

◂ *Die 790 Adventure war überwiegend für den Straßeneinsatz abgestimmt. (Foto: Kiska)*

▾ *Die Adventure gab's in Weiß und Orange. (Foto: Kiska)*

Einstellung. Dazu gab es noch die Option, mittels eines Tieferlegungskits aus dem Powerparts-Programm die Sitzhöhe auf 800 Millimeter abzusenken. Weitere Merkmale dieser 790er waren das größere Windschild und dem direkt über dem Rad angebrachten Vorderkotflügel. Natürlich gab es auch wieder eine »R«-Variante mit den typischen Attributen dieser Ausstattungslinie: Rahmen in Hausfarbe, WP-Fahrwerkselemente, mehr Assistenzsysteme inklusive Rallye-Modus mit neunstufiger

▼ *Rahmen und Schwinge der 790 Adventure R. Der Motor wird als tragendes Teil integriert. (Foto: Kiska)*

▼ *Erhöhte Geländetauglichkeit – die 790 Adventure R. (Foto: Kiska)*

Traktionskontrolle. Dadurch konnte auch die Anti-Wheelie-Funktion deaktiviert werden, um zum Beispiel zum Überfahren von Baumstämmen das Vorderrad anheben zu können. Kurz nach Verkaufsstart folgte eine dritte Variante, die auf 500 Stück limitierte »790 Adventure R Rally«. Sie basierte fahrwerks- und motorseitig auf der »Adventure R«, unterschied sich von dieser aber durch hochwertigere und voll einstellbare WP Xplor Pro-Federelemente, einen leichten Akrapovic-Schalldämpfer und einen Tankschutz aus Kohlefaser. Für den harten Offroad-Einsatz rollte sie auf schmaleren Felgen mit Schlauchreifen.

◄ *Die 790 Adventure R Rally war auf 500 Exemplare limitiert. (Foto: Francesco Montero)*

▼ *2020 umfasste die Familie die Modelle 790 Adventure, 790 Adventure R Rally und 790 Adventure R (v.l.) (Foto: Francesco Montero)*

390 ADVENTURE

Seit 2017 tauchten immer wieder Gerüchte über eine kleine Einzylinder-Adventure auf Basis der »390 Duke« auf. Natürlich wollte KTM den Konkurrenten im wachsenden Segment der kleinen Reiseenduros nicht allein das Feld überlassen. Daher war das Auftauchen seriennaher Versuchsfahrzeuge im Sommer 2019, die wie geschrumpfte 790er aussahen, keine Überraschung. Tatsächlich feierte die »390 Adventure« bereits auf der EICMA im November ihr Debüt, und natürlich bediente sie sich markanter Attribute der größeren Schwester. Sie war als flottes und wendiges Einstiegsbike konzipiert und war ebenso alltagstauglich wie auch für leichtes Gelände geeignet.

▲ *Die bei Bajaj in Indien gebaute 390 Adventure ist wegen der speziellen Offroad-Anpassungen wie größere Räder etwa zehn Kilogramm schwerer als die 390 Duke. (Foto: Kiska)*

▼ *Die Ähnlichkeit der 390 Adventure mit der größeren 790 Adventure ist unverkennbar. (Foto: Kiska)*

SUPERSPORT

Im 50. Jubiläumsjahr und ein gutes Jahrzehnt nach dem Neufanfang präsentierte KTM auf der Tokio Motorshow 2003 mit einem kantig gezeichneten Concept Bike KTMs Vision einer ultimativen Fahrmaschine für ambitionierte Fahrer. Die RC8 zielte eindeutig auf die damaligen Supersportler wie die Yamaha YZF-R1 oder die Suzuki GSX-R 1000, war aber noch nicht serienreif.

▼ *Am Anfang war die Studie: Das Tokio Showbike von 2003. (Foto: Heinz Mitterbauer)*

1190 RC8, 1190 RC8 R

Der österreichische Supersportler erschien dann zur Saison 2008 und hätte vielleicht für noch mehr Schlagzeilen gesorgt, wenn BMW nicht zu der Zeit auch die S 1000 RR präsentiert und jeden Supersport-Vergleichstest dominiert hätte. Dennoch: Die ultrakompakte KTM, mit ihrem schwerpunktgünstig um den V2 herum konzentrierten Massen, dem Underseat-Tank und dem unter dem Motor positionierten Auspuff sorgte weltweit für Aufsehen. 2008 trat die RC8, nun mit 1148 Kubikzentimeter großem Motor, gegen die Ducati 1098, den damaligen Platzhirsch aus Bologna,

▲ *2005 folgte mit der Venom eine unverkleidete Version des Tokio-Bikes, die aber ebenfalls nicht in Serie ging. (Foto: Heinz Mitterbauer)*

► *2008 erfolgte der Serienstart der 1190 RC8. Natürlich standen zwei Farben zur Wahl, wobei Weiß die Alternative zum KTM-Orange bildete. (Foto: Heinz Mitterbauer)*

an. Die KTM entpuppte sich als ultrahandlicher Supersportler mit fettem Drehmoment, lediglich die etwas harten Gangwechsel minderten ein wenig den Spaß im Kurvengeschlängel. Kein Zweifel, KTM war im Bereich großvolumiger Zweizylinder der große Wurf gelungen, wiewohl diese RC8 ihre Qualitäten am ehesten auf der Rennstrecke unter Beweis stellen konnte.

Der RC8 folgte 2009 die stärkere und noch leichtere R-Variante, schon von weitem erkennbar am orangefarbigen, aus elf Rohren zusammengeschweißten Gitterrohr-Rahmen, der den mittragenden 75-Grad-V2 aufnahm. Nominell zunächst 156 PS stark und 201 Kilogramm leicht, wurde der superkompakte Straßensportler für 2011 noch einmal aufgefrischt; die KTM 1190 RC8 R erhielt mehr Schwungmasse, Doppelzündung und eine modifizierte Fahrwerksabstimmung. 174 PS stark, punktete dieser Twin durch eine überragende Handlichkeit, und auch durchdachte Lösungen wie die mit dem Bordwerkzeug einfach einzustellende und dem jeweiligen Track anzupassende Heckhöhe machten die KTM zu einem kompetenten, rennstreckentauglichen Kurvenwiesel, das aber auf jegliche elektronische Helferlein verzichtete. 2015 wurde die Produktion der RC8 eingestellt. Die Gründe waren vielfältig. Die Markteinführung der RC8 erfolgte mitten in der Wirtschaftskrise 2008 und trotz aller sportlichen Erfolge – Chris Filmore erreichte Top 5-Ergebnisse in der amerikanischen Superbike-Serie und Martin Bauer gewann 2011 den IDM-Titel – wurde die RC8 nicht mehr weiterentwickelt, während die Konkurrenz immer weiter aufrüstete. Außerdem, auch das muss gesagt werden: Die frühen RC8 waren nicht ganz frei von Kinderkrankheiten. Letztlich aber, so erklärte auch KTM-Chef Stefan Pierer, waren derart leistungsstarke Superbikes mittlerweile nicht mehr zeitgemäß, und die Biker teilten seine Einschätzung: Die Verkaufszahlen im Supersportsegment sanken bei allen Herstellern, und nachdem wegen einer Reglementsänderung ein Einsatz in der Superbike-WM der RC8 jegliche Siegeschancen raubte, zogen die Österreicher letztlich den Stecker.

▼ *Piekfein verarbeitet in jedem Winkel – die RC8 (Foto: Heinz Mitterbauer)*

Doch niemand geht so ganz, das erste und bislang einzige Superbike aus Mattighofen ist im Gedächtnis geblieben, und warum das so ist, beschreibt vielleicht am besten der Nachruf von Jens Möller-Töllner in »*Motorrad*«, veröffentlicht am 23.12.2015: »Ein gutes Motorrad überzeugt nicht nur durch seine Funktion, sondern betört auch dein Herz. Darin wird die KTM RC8 immer einen Platz haben. Sie war wohltuend anders – und bestimmt nicht ganz perfekt. Aber wenn alle nach der gleichen Perfektion streben, ergibt das schnell Uniformität. Der hat die KTM RC8 auf sympathische Art immer die Zunge rausgestreckt. Eben einzig, nicht artig.«

▲ *Natürlich war die RC8 in erster Linie für Track Days und Rennstreckentrainings gedacht, Alltag und Rush-Hour waren nicht so ihr Ding. (Foto: Rudi Schedl)*

▼ *Die Modellpflege 2011 gewöhnte der RC8 einige Unarten ab, optisch tat sich nur wenig: Hier die 1190 RC8 R, Modelljahr 2012. (Foto: Heinz Mitterbauer)*

▲ *Die Vorstellung der RC-Modelle erfolgte auf der Mailänder EICMA 2013.*

DIE KLEINEN RC-MODELLE

Nach dem globalen Erfolg der kleinen Duke-Baureihe legte KTM mit drei Supersportlern nach, die eine neue Rahmen- und Fahrwerksgeometrie sowie ein rennsportorientiertes Design erhielten. Da dürften sicherlich auch die Erfolge von KTM in der Moto 3-Weltmeisterschaft Pate gestanden haben, zumal das Kürzel »RC« ja für »Race Competition« stand. In Europa ist Soziustauglichkeit nicht unbedingt ein Kriterium für einen Supersportler, in den eigentlichen Zielländern schon, daher erhielten auch hiesige Käufer Bonsai-Racer mit Mitfahrgelegenheit (und die war noch nicht einmal so unbequem). Die Motoren stammten nahezu unverändert aus dem Duke-Programm, und wie bei diesem war die 200er nicht für Europa bestimmt. Noch vor dem

▲ *Die RC 125, Modelljahr 2014. (Foto: Heinz Mitterbauer)*

Verkaufsstart im Jahr 2014 lieferte KTM die größte der neuen Kleinen für den damaligen ADAC Junior-Cup aus, für den mit dem Umstieg auf einen Viertakter eine neue Ära begann. Die »RC 390 Cup« unterschied sich durch andere Verkleidungsteile und einen Akrapovic-Auspuff von der Serienversion und leistete 38 PS, gut für 180 km/h und mehr als genug für die Youngster, die ihren ersten Schritt im Rennsport machen wollten. Gemeinsam mit Brembo hatte KTM eine Bremsanlage entwickelt, die zusammen mit einem ABS schon bei der RC 125 für ordentliche Verzögerungswerte sorgte. Während vorne ein Vierkolben-Radial-Bremssattel mit einer 300-Millimeter messenden Bremsscheibe zum Einsatz kam, verzögerte hinten ein schwimmend gelagerter Bremssattel, der in eine 230-Millimeter-Scheibe biss. Nicht irritieren lassen sollte man sich von dem Schriftzug »BYBRE« auf dem Bremssattel – das Kürzel bedeutete »By Brembo« und bezeichnet Budget-Bremskomponenten speziell für

▲ *Die RC 390 in der Version für den ADAC Junior Cup.*

Motorräder mit kleinem bis mittlerem Hubraum. Auch die Rennsport-390er verzichtete zugunsten der Handlichkeit auf einige PS, passte aber so in das A2-Regelwerk. Der 2017er Motor hatte zwei obenliegende Nockenwellen, Anti-Hopping-Kupplung und Ride-by-Wire-System zur Drosselklappensteuerung der Einspritzanlage; fahrwerksseitig wurde bei der zweiten Generation der Steuerkopfwinkel vergrößert, was den Nachlauf verringerte und den Radstand verkürzte. Beide Maßnahmen erhöhten nochmals die Handlichkeit. Beim Modellwechsel zur zweiten Generation wich die 200er der RC 250; europäische Käufer haben das nicht bemerkt, denn KTM hat sie hier nicht verkauft. Die »RC 390« ist sogar für die Supersport 300-Weltmeisterschaft homologiert, bei der im Rahmen der Superbike-WM schon 15-jährige Racer auf seriennahen Bikes starten dürfen, deren Basis der Führerscheinklasse A2 entsprechen muss.

▲ *RC 390, Modelljahr 2014. (Foto: Heinz Mitterbauer)*

▶ *Ein reiner Markencup ist der KTM RC 390 Cup, bei dem die Besten der nationalen Serien sich am Ende des Jahres für das Weltcup-Finale qualifizieren. (Foto: Studio MAC)*

▼ *2017 folgte die zweite Generation, hier die RC 125. (Foto: Studio MAC)*

▲ *Die RC 250 ist nicht in Deutschland erhältlich. (Foto: Studio MAC)*

► *Die RC 390 bildete das Top-Modell der Reihe und war Basis für verschiedene Cup-Wettbewerbe und die Supersport 300-WM. (Foto: Studio MAC)*

SUPERMOTO

In den 1980er Jahren kam in Frankreich die Mode auf, Enduro-Motorräder mit breiten 17 Zoll-Straßenrädern zu versehen, wodurch diese »Supermotard« genannten Einzylinder auf winkligen Sträßchen bald zum Schrecken größerer und leistungsstärkerer Motorräder wurden. Da sich die Umbauten anfangs nur auf kleinere Räder im ansonsten unveränderten hohen Endurofahrwerk beschränkten, bekamen die Bikes den Spitznamen »high heelers« (Stöckelschuhe). Bald entwickelte sich eine eigene Sportart für diese Motorräder, die auf Kart-Strecken Rennen austrugen. Der neue Sport wurde ebenfalls »Supermotard«, »Superbikers« (nach der amerikanischen Variante mit einem Mix aus Asphalt- und schnellen Dirt Track-Passagen) oder eben wie heute gebräuchlich auch »Supermoto«, kurz »SuMo« genannt.

Für diejenigen, die sich mit ihrer Enduro ausschließlich auf Asphalt tummeln wollten, war eine Supermoto mit breiter 17 Zoll-Straßenbereifung die richtige Wahl.

▼ *17 Zoll-Räder und eine große Bremsscheibe im Vorderrad machten 2000 aus der Enduro die 640 Supermoto.*

▲ *Dem neuen Trend folgend gab es auch eine Supermoto-Variante mit 17 Zoll-Rädern.*

620 SM

Schon seit 1996 bot KTM mit der »620 SM« ein passendes Bike gleich ab Werk, so dass man nicht auf Tuner oder private Umbauten angewiesen war. Wie bei der Enduro wuchs auch bei der Supermoto der Motor auf 625 Kubik, und wie bei der Enduro wurde bei der Supermoto in Sachen Hubraumangabe etwas geschummelt und sie als 640er bezeichnet. Daneben gab es mit der »660 SMC« die stärkste Serien-Supermoto, die

▼ *Die 660 SMC war die Nachfolgerin der bisherigen 625 Supercomp Supermoto. (Foto: Heinz Mitterbauer)*

▲ *Die komplette Supermoto-Palette des Jahres 2003.*

KTM bis dahin gebaut hatte. Die SMC war die Nachfolgerin der bisherigen »625 Supercomp Supermoto«.

Hochwertige Verarbeitung und exquisite Teile wie eine gegossene Aluminiumschwinge für einen breiten Fünfzöller verliehen der 640 Supermoto »Prestige« einen Hauch von Exklusivität. Ursprünglich für den Rennsport entwickelt, war die »Prestige« jedoch alltagstauglich und man konnte sogar einen Sozius mitnehmen.

▼ *2004 und 2005 gab es die Supermoto in Schwarz, Blau oder Weiß. (Foto: Heinz Mitterbauer)*

▼ *Die letzte Sumo-Version von 2007 hatte den LC4 aus der 640er.*

Das Design polarisierte, doch die 690 Supermoto war ein grundsolides Motorrad. (Foto: Heinz Mitterbauer)

Guss- statt Speichenräder kennzeichneten die 690 Supermoto Prestige. (Foto: Heinz Mitterbauer)

690 SM, 690 SM-R, 690 SMC, 690 SMC R

Für gewaltiges Aufsehen auf dem KTM-Stand bei der Intermot 2006 sorgte damals ohne Zweifel die neue 690 Supermoto. Der komplett neu konzipierte Viertakt-Einzylindermotor mit elektronischer Benzineinspritzung löste den bisherigen LC4-Motor ab. Das neue Aggregat leistete stramme 63 PS und erfüllte dabei die damalige Euro 3-Abgasnorm. Trotz des Namens war die 690er Supermoto weniger für den Einsatz auf Kart-Bahnen gedacht, vielmehr sollte sie neue Maßstäbe in puncto Leistung und Handlichkeit für Straßenbikes setzen.

▸ *Die 690 Supermoto R war 2008 das Top-Modell der Supermoto-Reihe. (Foto: Heinz Mitterbauer)*

▾ *Die »Limited Edition« mit verringerter Sitzhöhe und Speichenrädern war 2010 die letzte 690er Supermoto. (Foto: Heinz Mitterbauer)*

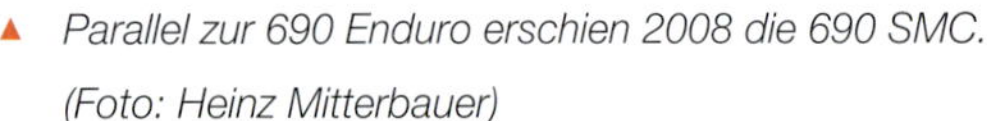

▲ Parallel zur 690 Enduro erschien 2008 die 690 SMC. (Foto: Heinz Mitterbauer)

▲ Schlankere Tankspoiler und mehr weiß – die SMC im Modelljahr 2010. (Foto: Heinz Mitterbauer)

Kurvenräuber – die 690 SMC R, Modell 2012. (Foto: Rudi Schedl)

Zeitweilig war die 690 SMC R die bestverkaufte KTM in Deutschland. (Foto: Heinz Mitterbauer)

Unverkennbar aus Gerald Kiskas Feder stammte das Design. Zwei steil aufragende Edelstahl-Schalldämpfer mit geregeltem Katalysator und der spitze Schnabel unter dem Scheinwerfer trafen nicht jedermanns Geschmack. Guss- statt Speichenräder und Verkleidungsteile in edlem Grau stellte die »Prestige« zur Schau; das Top-Modell »690 SM-R« hatte neben dem für »R«-Modelle üblichen orangefarbenem Rahmen diverses edles Zubehör aus dem Zubehörkatalog. Mit der »Limited Edition«, die sich neben neuen Dekoren durch eine 40 Millimeter niedrigere Sitzhöhe von den vorherigen Varianten unterschied, war 2010 dann Schluss. Letztendlich dürfte das polarisierende Design der »690 SM« ihr relativ frühes Ende bereitet haben.

Ganz anders sah es hingegen bei der »690 SMC« (»Supermoto Competition«) aus, der man die klassische, von einer Enduro abstammende Linie noch ansehen konnte. Die Typenbezeichnung war aber mehr dem Marketing geschuldet als echten Wettbewerbsqualitäten, denn mit 139 Kilo war die »690 SMC« weit von einem Wettbewerbsmotorrad entfernt. Dafür war KTM damit ein echter Kurvenfeger gelungen, der auch heute (nach einer kurzen Unterbrechung) mit der neuesten Triebwerksversion und vielen Elektronik- und Fahrwerksupdates wie WP APEX-Federelementen und hochwertigen Brembo-Komponenten als »690 SMC R« im Programm zu finden ist. Sie erfreute sich unter den Kurven-Junkies großer Popularität, in Deutschland war die Supermoto 2015 und 2016 sogar das meistverkaufte KTM-Modell. Nachdem seit 2020 die 690er Duke nicht mehr angeboten wird, ist die »SMC R« nun die stärkste Einzylindermaschine im KTM-Programm.

Nach zwei Jahren wurde die 690 SMC R mit dem aktuellen LC4-Motor und zahlreichen Detailverbesserungen wieder ins Programm genommen. (Foto: Kiska)

950 SUPERMOTO, 990 SUPERMOTO

Mit zunehmender Popularität der handlichen Supermotos reifte die Idee, den Einzylindern eine Variante mit dem LC8-Motor zur Seite zu stellen. Diese zeigte KTM Ende 2004; die »950 Supermoto« war die erste großvolumige Zweizylinder im Supermoto-Segment. Während der LC8 im Prinzip dem »Adventure«-Aggregat entsprach, war das Fahrwerk eindeutig straßenorientiert. Mit ihren nur 17 Zoll großen Rädern rollte sie bis 2008 vom Band, um dann von der nun 116 PS starken »990 Supermoto« abgelöst zu werden.

Der nur 58 Kilogramm wiegende LC8-Einspritzer der 990er war damals der leichteste Zweizylinder in der Einliter-Klasse, der kurze Radstand sorgte für ein extrem sportliches Fahrverhalten, das auf der Kartstrecke genauso überzeugte wie auf der Autobahn. Die Zeitschrift »*Motorrad*« resümierte nach einem Test der 990er: »Näher dran am perfekten Supermoto-Bike ist derzeit kein Motorrad. Dieses Teil ist geil!«.

KTM wäre nicht KTM gewesen, wenn es nicht auf Basis dieses Kurvenkünstlers eine Rennmaschine entwickelt hätte.

▼ *Die 950 Supermoto von 2007.*

▲ *Nur die 950 Supermoto R hatte den orange lackierten Rahmen. (Foto: F. Montero)*

◂ *2008 löste die 990 Supermoto die 950er ab. (Foto: Heinz Mitterbauer)*

▾ *Nur die »R« behielt vorläufig noch den Vergaser-950er. (Foto: Heinz Mitterbauer)*

▲ *Die zweite Generation der Supermoto R von 2009 erhielt dann aber ebenfalls den größeren Einspritzer. (Foto: Freeman)*

Die »Supermoto R« war nicht nur wegen des orangen Rahmens ein echter Hingucker. Eine schmale Tank-Sitzbank-Kombination, hochwertige Federelemente und Bremsen, dazu der 950er Vergasermotor, prädestinierten diese KTM für die »Megamoto«-Rennen, einer dem Supermoto ähnlichen Rennserie für großvolumige Zweizylinder-Motorräder, die sich allerdings nie durchsetzen konnte und heute in Vergessenheit geraten ist.

Dafür fand die »990 Supermoto« unerwartet viele Freunde bei der Reisefraktion, so dass KTM mit der »990 SMT« eine Touringversion nachlegte. Zusammen mit der »T« gab es auch eine neue »R«, ebenfalls mit dem Einspritzer. Die »990 Supermoto R« war deutlich sportlicher ausgelegt als die Travel-Variante, die sich aber im Jahr 2010 zur meistverkauften KTM in Deutschland mauserte.

▲ *Die Reise-Version 990 SMT war 2010 die bestverkaufte KTM in Deutschland.*

CUSTOMER BIKE UND SUPERMOTO RACING

Ähnlich wie bei den Rally-Bikes gab es auch für den Supermoto-Einsatz spezielle Customer-Bikes, die nur auf Bestellung gebaut wurden, dem Kunden aber ein konkurrenzfähiges Sportgerät an die Hand gaben. Mit der 660 SMC »Factory Replica« konnte man eine Replika von Thierry van den Boschs Weltmeisterbike erwerben. Wie kompromisslos diese Maschine gebaut wurde, erkennt man beispielsweise am superleichten Hilfsrahmen aus Carbon.

► ▼ *Die 660 SMC Customer Bike war die Supermoto für den Renneinsatz durch Kundenteams (2003 und 2004).*

◀ ▼ *Die 525 SMR (2003) und die späteren 560 SMR waren reine Rennmaschinen für den Einsatz auf Supermoto-Pisten. (Fotos: Heinz Mitterbauer)*

Als Alternative zum bärenstarken 660er »Customer Bike«, der Supermoto-Rennmaschine für Kundenteams mit LC4-Motor, gab es seit 2003 eine Kleinserie wettbewerbsorientierter Supermotos mit dem modernen Racing-Motor im leichten SX-Fahrgestell der Motocross-Maschinen. Dem Einsatzzweck angepasst war die 310 mm große Bremsscheibe im Vorderrad. Rund sieben Kilo brachte die nicht zulassungsfähige »SMR« (Supermoto Racing) weniger auf die Waage als die »SMC« mit LC4-Motor. Interessenten hatten die Wahl zwischen einer 450er und einer 525 bzw. 560 SMR für die »offene« Klasse. Bernd Hiemer wurde 2006 und 2008 der bisher einzige deutsche Supermoto-Weltmeister.

Als Folge der globalen Finanzkrise wurde die Supermoto-Weltmeisterschaft einige Jahre ausgesetzt. KTM zog sich damals aus dem SuMo-Sport zurück, heute wird von der KTM-Tochter Husqvarna die »FS 450« angeboten, deren Urahn die »450 SMR« von 2009 war. Die spätere »KTM 690 SMC-R« war dann trotz der traditionellen Typenbezeichnung kein Wettbewerbsmotorrad mehr, sondern ein fast ausschließlich auf der Straße eingesetztes, relativ alltagstaugliches Bike.

▼ *Mit der 450 SMR zog sich KTM 2009 aus dem Supermoto-Sport zurück. (Foto: Heinz Mitterbauer)*

KTM MIT VIER RÄDERN

Ab dem Frühjahr 2008 stieg KTM in den europäischen Markt für sportliche ATV (All Terrain Vehicles), besser bekannt als Quads, ein. Die Nomenklatur folgte den im Motorradprogramm üblichen Muster, auch die Motoren stammten aus dem Zweirad-Segment: Während die 450 XC und 525 XC eher enduromäßig abgestimmt waren und einen Rückwärtsgang besaßen, waren die 450 SX und die 505 SX sportlich ausgelegt und für die Cross-Strecke gedacht. Kurz nach der Markteinführung folgte die Weltfinanzkrise mit massiven Absatzeinbrüchen vor allen Dingen in den USA. Letztmalig waren KTM ATVs 2012 in der Preisliste zu finden.

Im Juni 2008 startete die Produktion des X-Bow (Cross Bow, deutsch: Armbrust), ein mit hochwertigen Komponenten ausgestatteter offener Sportwagen mit Audi-Motor. Wegen der schwierigen wirtschaftlichen Lage wurde die Produktion 2009 zeitweilig ausgesetzt und ein Jahr später auf »auftragsbezogene Einzelfertigung« umgestellt.

Heute sind vier X-Bow-Modelle im Programm. Am bekanntesten ist die ROC-Version, die seit 2008 beim jährlichen »Race of Champions« eingesetzt wird, wo erfolgreiche Autorennfahrer aus verschiedenen Rennsportkategorien gegeneinander antreten.

▲ *Der ATV 450 SX ist für den Einsatz auf Cross-Pisten gedacht. (Foto: Heinz Mitterbauer)*

▼ *Der X-Bow ist ein radikaler Sportwagen.*

DIE SCHWEDISCHEN MARKEN

Zur heutigen Pierer Mobility AG gehören die Marken Husaberg und Husqvarna, die beide schwedische Wurzeln aufweisen. Seit der Zusammenlegung beider Hersteller wird allerdings nur noch die bekanntere und vor allem traditionsreichere Marke weitergeführt, wiewohl diese erst 2013 zu KTM gehört.

HUSQVARNA

Die Geschichte von Husqvarna beginnt 1689, als in dem gleichnamigen Städtchen am schwedischen Vättern-See die königliche Gewehrmanufaktur ihre Fertigung aufnahm. Das seit 1973 verwendete Logo zeigt deswegen auch nicht etwa eine stilisierte schwedische Krone, wie oft vermutet wird, sondern einen Gewehrlauf mit Kimme und Korn. Im Laufe der Jahrhunderte kamen zur Waffenproduktion Nähmaschinen, Haushaltsgeräte und Fahrräder hinzu.

1903 wurde in einen stabilen Fahrradrahmen ein belgischer FN-Motor eingebaut, die Marke ist damit noch älter als Harley Davidson. Das erste Husqvarna-Motorrad leistete etwa 1,5 PS und war 5 km/h schnell. In den 1930er Jahren gab es sogar eine erfolgreiche Rennabteilung, der Produktionsschwerpunkt lag aber weiter bei Haushaltsgeräten.

1953, ein halbes Jahrhundert nachdem das erste Motorrad gebaut worden war, stieg Husqvarna mit der »Drömbagen Sport« in den Geländesport ein. Der 175 Kubikzentimeter große Einzylinder-Zweitakter des »Traum-Bike«, so die Modellbezeichnung, leistete 9 PS – sechs Goldmedaillen für das schwedische Team, dazu eine Silberne und zwei Bronzene bei der Sechstagefahrt in der CSSR waren ein erfolgversprechender Auftakt bei der internationalen Premiere.

Recht populär unter den schwedischen Geländefahrern war die leichte 175er »Silverpilen« (Silberpfeil). Einen regelrechten Boom erlebte der Motocross-Sport in Schweden, als Bill Nilsson 1957 die erstmalig ausgetragene Motocross-WM auf einer englischen AJS gewann. Husqvarna baute daraufhin auf Basis der Silverpilen einige Werksmaschinen mit 250 Kubik-Viergang-Motor. Mit einer dieser Maschinen holte Rolf Tibblin 1959 die Motocross-Europameisterschaft in der Viertelliter-Klasse, eine Weltmeisterschaft in dieser Klasse gab es erst ab 1962. Bill Nilsson konnte seinen Halbliter-WM-Erfolg 1960 wiederholen, diesmal auf einer Husqvarna mit Viertakt-Motor.

Bis Ende der 1960er Jahre war die tschechische Marke CZ der einzige ernstzunehmende Gegner für Husqvarna bei den 250ern, viermal gewann Torsten Hallmann die Viertelliter-WM, dreimal der belgische CZ-Fahrer Joël Robert. In der Halbliterklasse errangen Bill Nilsson, Rolf Tibblin und Bengt Aberg ebenfalls vier Titel, bevor 1970 die über zwei Jahrzehnte lange Dominanz der Japaner begann.

Keine schwedische Krone und auch kein Elchgeweih – das Husqvarna-Logo symbolisiert einen Gewehrlauf mit Kimme und Korn.

Die erste Husqvarna von 1903 hatte einen belgischen FN-Motor.

▲ Sechs Goldmedaillen gewannen Husqvarna-Fahrer 1953 auf der 175 cm³-Drömbagen Sport bei der Sechstagefahrt in Gottwaldov/CSSR, dem heutigen Zlin.

▲ Die 500 cm³-Rennmaschine mit V2-Motor von 1935 steht im Deutschen Zweirad-Museum Neckarsulm. (Foto: Leo Keller)

► Die Motocross-Maschine für die 250er-EM 1958.

▼ Die populäre Silverpilen ist Namensgeberin der heutigen Straßenmodelle von Husqvarna.

▲ *Eine Viertelliter-Husqvarna aus den frühen 1970er Jahren. (Foto: Kenneth Olausson)*

▼ *Rolf Tibblin wurde 1962 Halbliter-Motocross-Weltmeister mit der Viertakt-Husqvarna. (Foto: Kenneth Olausson)*

Fast alle der zwölf WM-Titel haben schwedische Fahrer gewonnen, lediglich 1974 und 1976 saß mit Heikki Mikkola ein Finne auf dem Schwedenbike.

1977 übernahm der schwedische Electrolux-Konzern, ein weltweit führender Hersteller von Haushaltsgeräten, das Unternehmen, wobei die Motorradfertigung dafür sicher nicht den Ausschlag gab, sondern die anderen, lukrativeren Geschäftszweige. Unbeeindruckt davon präsentierten die Techniker 1983 auf Basis des Zweitakt-Gehäuses einen völlig neuen Viertakt-Motor für den Offroad-Sport. Die superleichte Maschine sorgte für eine Renaissance der Viertakter im Gelände.

Der wohl größte Einschnitt in der Firmengeschichte erfolgte 1987, als Electrolux die Motorradsparte an die italienische Cagiva-Gruppe verkaufte, die mit Aermacchi, Ducati, Morini und MV Agusta damals der fünftgrößte Motorradhersteller weltweit war. Wenn auch die schwedischen Ursprünge zunächst noch an der blau-gelben Farbgebung zu erkennen waren, so wurden die Motorräder nun im italienischen Varese auf Basis der entsprechenden Cagiva-Sportmodelle entwickelt, was ihnen anfangs die spöttische Bezeichnung »Cagivarna« einbrachte.

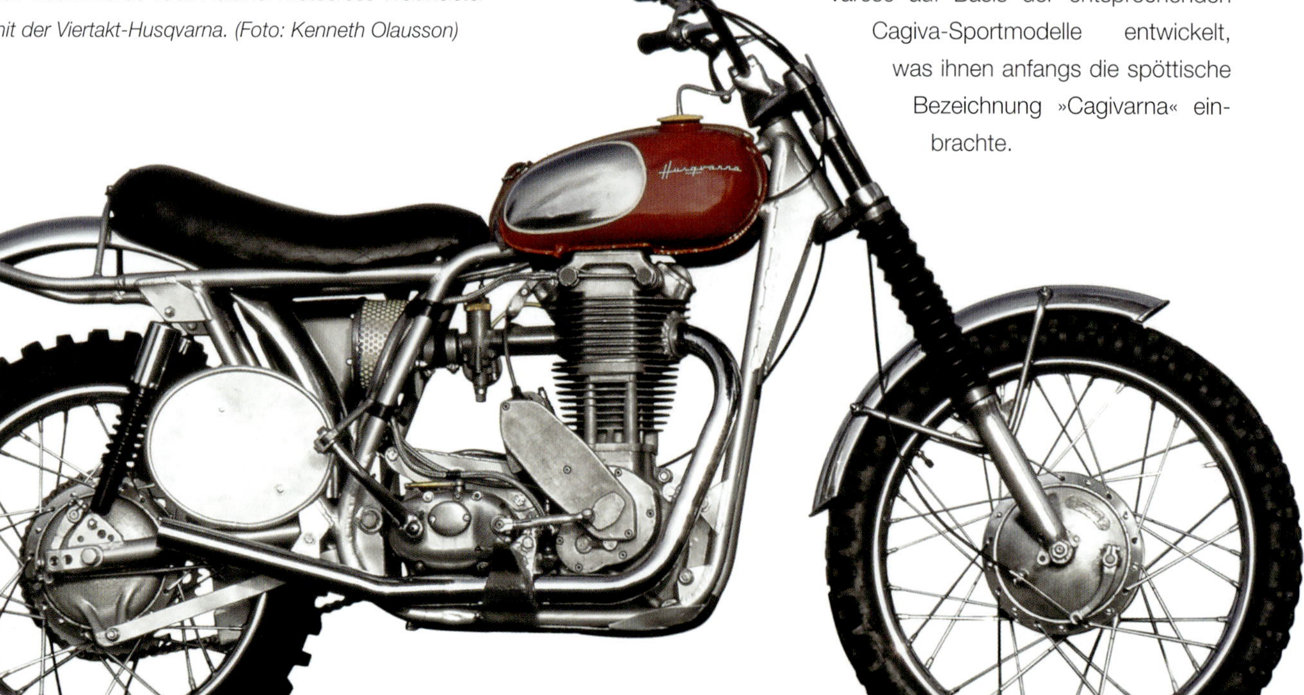

▲ Die 250 CR Motocrosser von 1978 – das »CR« stand für »Close Ratio«, also ein eng abgestuftes Getriebe für den Motocross-Einsatz.

▼ Eine 125 WR-Enduro von 1979. Im Gegensatz zu den CR-Getrieben gab es bei den Enduro-Modellen ein weit gespreiztes »Wide Ratio«-Getriebe.

▼ Abschied von der klassischen Husqvarna-Linie – die 430 WR von 1983 kombiniert das Weiß mit den schwedischen Nationalfarben.

◄ *1983 läutete Husqvarna mit der 510 TE die Abkehr hin zum Viertakter ein.*

► *Seltener 510 TE-Viertakter von 1983 bei einer Klassik-Geländefahrt. (Foto: Leo Keller)*

▲ Eine Husqvarna WRK von 1989 aus Cagiva-Produktion, spöttisch auch »Cagivarna« genannt.

▲ Zum 100jährigen Jubiläum des ersten Husqvarna-Motorrades von 1903 zeigten sich die Cagivavarna in einem speziellen Retro-Design.

▲ Mit der SMR 630 gab es 2005 eine käufliche Replica der Maschine von Supermoto-Weltmeister Eddy Seel. (Foto: Stefano Gadda)

Auch unter neuer – italienischer – Leitung verlief die Geschichte von Husqvarna, zumindest aus sportlicher Sicht, anfangs sehr erfolgreich.

In den frühen 1980er Jahren hatte sich der Schwerpunkt vom Motocross hin zum Enduro-Sport verlagert. Wie bereits in den sechziger Jahren beim Motocross dominierten auch jetzt skandinavische Fahrer auf den Italo-Husqvarnas die damalige Europameisterschaft und ab 1990 die neugeschaffene Enduro-Weltmeisterschaft.

2001 und 2002 holten Husqvarna-Piloten jeweils gleich in drei Klassen die Weltmeisterschaft, eine Dominanz, wie man sie später nur noch von KTM kannte. Eher überraschend hingegen kam 1993 der Gewinn des Halbliter-Motocross-Titels durch den Belgier Jacky Martens. Allerdings verschlechterte sich die wirtschaftliche Situation zusehends, auch Cagiva geriet ins Trudeln.

2007 übernahm BMW die ursprünglich schwedische Marke, um sein Angebot auch auf den Offroad-Sektor zu erweitern. Kaum war die Übernahme vollzogen, verlor, so scheint es, BMW die Lust am Offroad-Spezialisten, denn die Investitionsbereitschaft litt unter der Finanz- und Wirtschaftskrise, und auch die Kunden hielten ihr Geld zusammen. Dennoch entstanden unter BMW-Ägide drei straßenorientierte Modelle. Sie hießen »Strada«, »Terra« und »Nuda«, hatten modifizierte BMW-F-Motoren und blieben Raritäten. Die Bayern verloren 2013 wieder die Lust an ihrer Submarke und verkauften sie weiter an KTM, das bereits im Besitz einer schwedischen Geländesportmarke war: Husaberg.

▼ *Die Nuda 900 R ist die bekannteste Vertreterin der kurzen BMW-Epoche. (Foto: BMW AG)*

HUSABERG

▲ *Die FC 600 Motocross, Modelljahr 1995.*

Thomas Gustavsson und einige andere Husqvarna-Ingenieure, die den Umzug nach Norditalien nicht mitmachen wollten, gründeten 1988 eine neue Marke: die Husaberg Motor AB. In einer Holzhütte am Vätternsee wollten sie ein außergewöhnliches Motorrad konstruieren. Ein superleichter und handlicher Viertakter sollte es sein, mit dem sie an die früheren Erfolge ihres Husqvarna-Viertakters anknüpfen wollten. Schon nach einem Jahr lief das erste Vorserienmodell der »FE 501«. Wie die Marke zu ihrem Namen kommt, ist nicht gesichert, der Fama nach stand das Örtchen, zu dem die besagte Holzhütte gehörte, Pate. Als Gustavsson nämlich mit seinem Prototypen bei einem Enduro-Wettbewerb starten wollte, musste er einen Markennamen angeben und nahm aufs Geratewohl den erstbesten, der ihm einfiel – eben »Husaberg«.

1989 glückte gleich der Einstieg in die Oberliga der Offroad-Hersteller. Jimmie Eriksson, ein talentierter schwedischer Nachwuchsfahrer, wurde auf Anhieb Enduro-Europameister in der 600er Viertaktklasse. Diesen Erfolg konnte er auch im folgenden Jahr wiederholen und den ersten Weltmeistertitel für Husaberg holen, denn 1990 war die Enduro-Europameisterschaft zur Weltmeisterschaft aufgewertet worden. Mit der 350er-Variante bekam die »FE 501« eine kleine, nicht minder erfolgreiche Schwester. 1991 gingen gleich beide Viertakt-Weltmeistertitel von Kent Karlsson (350 cm³) und Jaroslav Katrinak aus der früheren CSSR (500 cm³) an das Team von »Berg«, der Kurzform von Husaberg.

▲ *Eine Husaberg FE 501 von 1990.*

Nach diesem ermutigenden Auftakt kamen Motocross-Modelle, später auch Cross Country- und Supermoto-Varianten, hinzu. Die damaligen Modellbezeichnungen – »FE« für »Fourstroke Enduro«, »FC« für »Fourstroke Cross« und »FS« für »Fourstroke Supermoto« – finden sich noch heute bei den aktuellen Husqvarna-Sportmotorrädern wieder.

Die wirtschaftliche Entwicklung konnte aber mit den sportlichen Erfolgen nicht Schritt halten und Husaberg brauchte einen starken Partner, der sich Anfang 1995 in Gestalt von KTM fand. Entwicklung und Produktion blieben zunächst aber weiter in Schweden.

In diese Zeit fallen drei weitere Enduro-Weltmeisterschaften und drei Motocross-Weltmeisterschaften, alle gewonnen vom Belgier Joel Smets in der damaligen Königsklasse, wo Viertakter mit 650 Kubik gegen Zweitakt-Motorräder mit einem halben Liter Hubraum antraten.

◄ *Die Werbung war unverkennbar schwedisch, obwohl die Marke seit 1995 schon im Besitz von KTM war.*

▼ *Eine FC 550 von 2003 aus der Mattighofener Produktion.*

▼ *Auch die in Österreich gebauten Husaberg trugen noch die typisch schwedischen Farben.*

▲ Ungewöhnliches Motorenkonzept – die FE 450 von 2009. (Foto: Francesco Montero)

▲ Die FE 550, also die Halbliter-Enduro, im Modelljahr 2005.

► Mit der FS 650 c bot Husaberg 2005 sogar eine Supermoto für den Wettbewerbseinsatz an.

▼ Der 70°-Motor von der linken Seite. (Foto: Heinz Mitterbauer)

◄ Das Bild verdeutlicht den Aufbau des Husaberg-Motors von der rechten Seite. (Foto: Heinz Mitterbauer)

▲ Der Motor der FE 450 baute äußerst kompakt. (Foto: Heinz Mitterbauer)

2003 wurden Entwicklung und Produktion nach Mattighofen verlagert. Dass Husaberg auch unkonventionelle Wege verfolgte, zeigte sich an einem ungewöhnlichen Motorenkonzept, bei dem ein um 70° nach vorne geneigter Zylinder über dem Getriebegehäuse saß. Allerdings setzte sich dieses Konzept nicht durch und Husaberg ging wieder zur konventionellen Bauart über. 2010 gab es zum ersten Mal in der Husaberg-Geschichte einen Zweitakter, dafür wurde die Modellpalette gestrafft: Motocross-, Supermoto- und Cross Country-Varianten fielen aus dem Programm, Husaberg konzentrierte sich nun wie in den Anfangsjahren ausschließlich auf den Bau von Enduro-Modellen, die technisch mit den vergleichbaren KTM-Modellen verwandt waren.

▲ *Eine TE 250 von 2011 – also eine »Twostroke Enduro«. (Foto: Heinz Mitterbauer)*

▼ *2013 wurde die Produktion der Husaberg – hier eine FE 250 – eingestellt, nachdem KTM Husqvarna übernommen hatte. (Foto: Heinz Mitterbauer)*

▲ *Gleich im ersten Jahr wurde mit der TC 85 ein Crosser für den Nachwuchs angeboten. (Foto: Marco Campelli)*

DIE MODELLE SEIT 2013

Anfang 2013 übernahm die Pierer Industrie AG die mittlerweile angeschlagene Marke Husqvarna, die auch unter BMW weder wirtschaftlich noch sportlich an frühere Glanzzeiten hatte anknüpfen können. »Wir bringen zusammen, was zusammen gehört«, kommentierte Stefan Pierer im Sommer 2013 die Übernahme von Husqvarna, genau 25 Jahre nach der Gründung von Husaberg. Die modernen Produktionsstätten in Varese gingen an die chinesische Shineray Group, die dort heute mit einem Teil der früheren Husqvarna-Belegschaft unter der wiederbelebten Marke »SWM« Motorräder baut. SWM war in den 1970er Jahren im Geländesport recht erfolgreich und gewann damals acht Europameisterschaften.

Wie bereits die Husaberg-Modelle wurden die Husqvarna-Wettbewerbsmodelle in Mattighofen (Endmontage) bzw. Munderfing (Motor) gebaut.

▲ *Die FE 350 übernahm die traditionellen Modellbezeichnungen von Husaberg. (Foto: Sebas Romero)*

▲ *Die TE 250 Zweitakt-Enduro von 2013. (Foto: Sebas Romero)*

▲ *TC 125 Motocross, Modelljahr 2015. (Foto: Marco Campelli)*

▲ *Die FE 250 war 2015 kleinster Viertakter im Husqvarna-Programm. (Foto: Marco Campelli)*

Auch die FC 450 hatte unverkennbar schwedische Wurzeln. (Foto: Marco Campelli)

Die FS 450 von 2015 steht in der Tradition der Supermoto-Wettbewerbsbikes von Husaberg. (Foto: Marco Campelli)

▲ *Die FC 450 – hier von 2019 – ist die hubraumstärkste Motocross-Maschine. (Foto: Sebas Romero)*

DIE WETTBEWERBS-MODELLE

Basis für die zukünftigen Husqvarna-Modelle war die State-of-the-art-Technologie von Husaberg, und die wiederum geht ja auf KTM zurück. Befürchtungen, Husqvarna würde zukünftig nur noch KTM-Motorräder mit weißer Plastikverkleidung verkaufen, erwiesen sich als unbegründet. Schnell erarbeitete sich die Marke ein eigenständiges Image und avancierte im Offroadsport sogar zu einem ernsthaften KTM-Konkurrenten.

▲ *Auch Husqvarna setzt auf die wendigere FC 350 als Alternative zur bärenstarken FC 450. (Foto: Sebas Romero)*

◂ *FC 250 für die MX2-Klasse, Modelljahr 2020. (Foto: Kiska)*

▾ *Dank an den Sponsor – die FC 450 Rockstar Edition ist Basis der in der AMA Supercross-Serie eingesetzten Werksmaschinen. (Foto: Kiska)*

Neuerdings ist Husqvarna auch im Straßenrennsport aktiv. Nachdem sich das Unternehmen schon 2014 und 2015 in der Moto3-Weltmeisterschaft engagiert hatte, danach aber zurückzog, erfolgt 2020 der Wiedereinstieg mit der FR 250 GP. Die Viertaktmaschine leistet nach Herstellerangaben über 55 PS und wiegt nur 81 Kilogramm.

Eingesetzt wird die Husqvarna vom »Max Racing Team«, dessen Besitzer der viermalige 250 cm³-Weltmeister Max Biaggi ist. Als Teamchef wurde Peter Öttl, selbst fünfmaliger Grand Prix-Sieger, unter Vertrag genommen.

◂ *FE 350 Enduro, Modelljahr 2020. (Foto: Sebas Romero)*

▲ Die TE 150 i mit innovativer Zweitakt-Einspritzung spielt wegen des ungewöhnlichen Hubraums in einer eigenen Liga und ist vorrangig für Hobbypiloten gedacht. (Foto: Sebas Romero)

▲ Größte Zweitakt-Enduro ist auch 2020 die TE 300 i, gebaut auf Basis des erfolgreichen Werksrenners von Graham Jarvis. (Foto: Sebas Romero)

◄ FC 350, Modelljahr 2020, für die MX GP. (Foto: Kiska)

▲ Unter Pablo Quintanilla ist die Rockstar Energy Husqvarna ein ernstzunehmender Konkurrent für KTM bei Wüstenrallyes. (Foto: Sebas Romero)

▲ Ebenfalls in der Königsklasse MX GP ist die FC 450 startberechtigt (2020). (Foto: Kiska)

▶ Die FS 450 von 2020 ist auf den Supermotopisten zuhause. (Foto: Heinz Mitterbauer)

▲ *Für die Stars von morgen: Die TC 50 Mini ist die kleinste Husqvarna. (Foto: Heinz Mitterbauer)*

▲ *Der Mini-Crosser wiegt nur 41 Kilogramm, ist aber ausgestattet mit hochwertigen Details wie WP-Federelementen. (Foto: Heinz Mitterbauer)*

▼ *Ein vollwertiges kleines Motorrad mit Kupplung und Sechsgang-Getriebe ist die TC 65 des Modelljahres 2020. (Foto: Heinz Mitterbauer)*

▼ *Als Größte der Kleinen ist die TC 85 wahlweise mit 17/14 Zoll großen Rädern oder mit 19/16 Zoll-Rädern erhältlich. Sie schließt die Lücke zwischen den Junioren-Bikes und der TC 125 für die MX2-Klasse. (Foto: Heinz Mitterbauer)*

DIE STRASSENMODELLE

Die erste unter Pierer-Regie gebaute Husqvarna für den Straßeneinsatz ist die »701 Supermoto«. Auf der EICMA 2019 wurde eine deutlich überarbeitete Version der 74 PS starken Maschine vorgestellt, die über mehrere Fahrmodi, Bosch-Kurven-ABS und Traktionskontrolle verfügte. Dazu gab es ein schlankeres »Bodywork« und ein neues eigenständiges Design.

Als »Dual Sports« soll die »701 Enduro« diejenigen ansprechen, die gerne auch einmal einen Abstecher ins Gelände machen wollen, aber keine Wettbewerbsambitionen haben. Neu ab 2020 ist die »701 Enduro LR«. »LR« steht für »Long Range«. Dafür gibt es neben dem unter der Sitzbank angeordnetem Haupttank einen Zusatztank an der klassischen Position zwischen Lenker und Sitzbank, so dass insgesamt 25 Liter eine Reichweite von etwa 500 Kilometern ermöglichen. Zwischen den beiden Tanks kann der Fahrer mittels eines am Lenker befindlichen Schalters für die beiden Benzinpumpen wechseln, um eine ausgewogene Gewichtsverteilung zu ermöglichen.

▲ *Bringt als zusätzliche Marke Farbe in die Moto3 – die vom Max Racing Team eingesetzte FR 250 GP. (Foto: Rudi Schedl)*

▲ Mit 74 PS und nur 145 Kilogramm Leergewicht ist die Husqvarna 701 Supermoto ein echter Wetzhobel für die Straße. (Foto: Heinz Mitterbauer)

▲ Als »Dual Sport« wird die 701 Enduro angepriesen – für die Straße genau so geeignet wie fürs Gelände. (Foto: Rudi Schedl)

▼ 701 Supermoto, Modell 2020, in neuem Design. Auch hier hatte KTM-Designer Kiska seine Hände im Spiel. (Foto: Kiska)

▼ Die 701 Enduro LR richtet sich an die Reisefraktion. Zwei Tanks mit insgesamt 25 Litern Inhalt ermöglichen eine Reichweite von etwa 500 Kilometern. (Foto: Kiska)

Heute fährt Husqvarna zweigleisig. Neben den Wettbewerbsmodellen für Enduro, Motocross und Rallye gibt es seit 2018 mit der straßenorientierten »Vitpilen« (»weißer Pfeil«) und »Svartpilen« (»schwarzer Pfeil«) im Scrambler-Style gleich mehrere Modelle mit 400 und 700 Kubik, denen die technische Verwandtschaft zur KTM-Bais – 390 Duke oder 690 Duke – nicht anzusehen ist. Die kleineren Modelle laufen bei Bajaj in Indien vom Band, wo auch die kleinen KTM gebaut werden. Die Namen wurden in Anlehnung an die legendäre »Silverpilen« (»silberner Pfeil«) aus den Fünfzigern gewählt.

▼ *Die schwarze Svartpilen 401 mit Stollenbereifung und diversen Schutzbügeln ist zumindest optisch die robustere Alternative zur ansonsten baugleichen Vitpilen. (Foto: Kiska)*

▲ *Die Vitpilen 401 ist laut Husqvarna ein Bike für progressive Freidenker, die herausragendes Design schätzen und neue Wege suchen, ihre urbane Umgebung zu erkunden. (Foto: Studio MAC)*

▲ *Neue Farben für die Vitpilen 401 gibt es ab 2020. (Foto: Rudi Schedl)*

Neben den Serienmaschinen zeigt Husqvarna mit unterschiedlichen Studien, wie man sich die Zukunft vorstellt. Mehrfach preisgekrönt sind die Aero-Studien auf Basis der Vitpilen.

Dass Husqvarna sich auch mit dem Thema Zweizylinder beschäftigt, wurde auf der EICMA 2019 deutlich, wo das »Norden 901 Concept Bike«, eine Zweizylinder-Reiseenduro mit etwa 900 Kubik, vorgestellt wurde.

In nicht allzu ferner Zukunft dürfte möglicherweise auch eine Straßenmaschine mit dem famosen LC8c-Motor zu erwarten sein, um die Modellpalette oberhalb der bisherigen Einzylinder Vit- bzw. Svartpilen zu ergänzen.

▼ *Auch bei der größeren Vitpilen 701 wurden alle unnötigen Dinge weggelassen. Herausgekommen ist ein kompakter Single mit eigenständigem Design. (Foto: Kiska)*

▼ *Die 701 gibt es 2020 auch in der Lackierung des 701 Aero Concept Bikes. (Foto: Kiska)*

▲ *Die Farben der Saison 2020 stehen der 701 Svartpilen ausgezeichnet. (Foto: Kiska)*

► *Wie bereits bei der kleineren 401er ist die Svartpilen 701 die rustikale Variante der Vitpilen 701. Vom Scrambler-Look sollte man sich nicht täuschen lassen, die Svartpilen ist eher vor einer Espresso-Bar als abseits befestigter Straßen zu finden. (Foto: Kiska)*

▲ ▶ *Das Design des Vitpilen Aero Concept Bikes von 2016 unterstreicht die Eigenständigkeit von Husqvarna, obwohl die Studie wie bei KTM von Kiska Design stammt. (Fotos: Kiska)*

▲ *Preisgekrönt – das Vitpilen 701 Aero Concept Bike erhielt 2019 beim Best Automotive Brand Contest, einem internationalen Designwettbewerb, die höchste Auszeichnung. (Foto: Rudi Schedl)*

◄ *Die Studie »Norden 901 Concept« ist eine Reiseenduro mit dem modifizierten KTM-Reihenzweizylinder. (Foto: Rudi Schedl)*

TEIL 3: KTM UND DER MOTORSPORT

READY TO RACE

Motorsport ist die DNA von KTM, so die eigene Einschätzung der Österreicher, und ohne die enge Verbundenheit zum Motorsport ist der kometenhafte Aufstieg von KTM nicht zu verstehen. Und das nicht erst seit Erfindung des Mottos »READY TO RACE«. Schon Hans Trunkenpolz und Ernst Kronreif, die Männer der ersten Stunde, waren motorsportbegeistert. In den Anfangsjahren waren es regionale Straßenrennen in Oberösterreich, heute wird in der MotoGP um Top-Ten-Platzierungen gekämpft und es ist nur noch eine Frage der Zeit, wann die KTM RC16 den ersten Grand Prix-Sieg erringt. Bis auf die MotoGP hat KTM in allen wichtigen Motorradsportsdisziplinen Weltmeistertitel geholt, vom Endurosport über Motocross und Supercross zur Rallye-WM, von der Supermoto-WM bis zur Moto 3. Dazu kommen spektakuläre Erfolge bei Einzelrennen wie dem Red Bull Hare Scramble auf dem Erzberg oder die unglaubliche 18 Jahre andauernde Siegesserie bei der Rallye Dakar. Hinter den Erfolgen steht ein großes Team von den Entwicklern und Sportbetreuern bis hin zu den Fahrern, mit deren Namen die Siege immer verbunden bleiben werden. Die Gesichter des Motorsports in der Öffentlichkeit aber sind Motorsport-Direktor Pit Beirer, einst selbst ein Weltklasse-Motocross-Fahrer und Heinz Kinigadner, das sportliche Aushängeschild von KTM. Offiziell ist der zweimalige Motocross-Weltmeister aus Tirol Motorsportberater, aber in der orangen Welt gilt »Kini« als eine Art »Hausheiliger«. KTM-Chef Stefan Pierer hat oft betont, dass es KTM ohne Kini in der heutigen Form nicht geben würde. Es war Heinz Kinigadner, der Pierer damals vom Potenzial des in Konkurs befindlichen Unternehmens überzeugte.

▲ *Die Gesichter von KTM an der Rennstrecke: Motorsportdirektor Pit Beirer (links) und Heinz Kinigadner, zweimaliger Weltmeister, Rallyesieger, Talentsucher und Motorsportberater. (Foto: Sebas Romero)*

▲ *Familientreffen: Weltmeister, Dakar-Sieger und die Geschäftsleitung zusammen mit John Penton bei der Eröffnung der KTM Motohall im Mai 2019. (Foto: Sebas Romero)*

◂ *Das KTM-Team für die Sechstagefahrt 1955 in Gottwaldov/CSSR. V.l. Edi Beranek, Edi Kranawetvogl und Erwin Lechner.*

KTM IM GELÄNDESPORT

DER ENDUROSPORT

Der heutige Endurosport ist die älteste Motorradsportart mit internationalem Charakter. Bereits 1913 wurde im schottischen Carlisle das »International Six Days Reliability Trial« als Mannschaftswettbewerb für Nationalteams ausgerichtet. Im Gegensatz zum Motocross ist der Endurosport kein Rennen, sondern eher mit einer Rallye vergleichbar. Eine anspruchsvolle Geländestrecke ist nach bestimmten Zeitvorgaben zu bewältigen, dazu kommen Sonderprüfungen, die in ausgesuchtem Terrain auf Bestzeit zu befahren sind. Das Klassement ergibt sich aus den Strafpunkten für Zeitüber- bzw. Unterschreitung und den Sonderprüfungen. Wer am Ende die wenigsten Punkte auf seinem Konto hat, ist Klassensieger. Neben den nationalen Meisterschaften wurde 1968 erstmals eine Europameisterschaft ausgerichtet, die 1990 zur Enduro-Weltmeisterschaft aufgewertet wurde. Die früher fast inflationäre Zahl unterschiedlicher Klassen hat wurde 2004 auf die Klassen E1, E2 und E3 beschränkt.

Der Höhepunkt eines jeden Endurojahres war die im Herbst ausgerichtete Internationale Sechstagefahrt, kurz »Six Days« genannt. Aus sechs Fahrern bestehende Nationalmannschaften kämpften um die begehrte »Trophy«, Viererteams um die »Silbervase« bzw. seit 1985 um die »Junior Trophy«. Die Fahrer waren während des Wettbewerbs auf sich gestellt. Fremde Hilfe war verboten und führte zum Ausschluss, so dass die Fahrer gleichzeitig auch ihre eigenen Mechaniker sein mussten.

Die »International Six Days of Enduro«, so die heutige Bezeichnung, galten lange Zeit als die »Olympiade des Motorradsports«. Im Laufe der letzten Jahre hat die Sechstagefahrt aber viel von ihrer einstigen Faszination verloren. Zunächst wurden Streichergebnisse für die Teams eingeführt, 2016 wurden die Trophymannschaften auf vier, die Junior-Trophy-Mannschaften auf drei Fahrer reduziert, so wie das bis 1939 der Fall war. Und aus Kostengründen wurde sogar darüber nachgedacht, die Sechstagefahrt nur noch alle zwei Jahre auszurichten.

▴ *Die ersten Goldmedaillen für KTM holten 1956 Egon Dornauer (Bild) und Kurt Statzinger bei der Int. Sechstagefahrt in Garmisch-Partenkirchen.*

▲ *Das »V« auf dem Startnummernschild kennzeichnet Mitglieder der Silbervasen-Mannschaft – Erwin Lechner 1958 in Garmisch-Partenkirchen.*

Dazu kommt: Der klassische Endurosport ist noch nie eine publikumsträchtige Sportart gewesen, daran hatten auch die unterschiedlichen Konzepte der Promoter nichts ändern können. Auch der Versuch, ähnlich wie beim Motocross eine Meisterschaft mit den beiden Klassen »EnduroGP« und »Enduro2« zu etablieren, um Sendezeit und Reichweite zu generieren, scheiterte nach nur einem Jahr. Die »EnduroGP« ist aktuell nur noch eine zusätzliche klassenübergreifende Wertung. Und selbst KTM beteiligt sich seit 2018 nicht mehr werksseitig an der klassischen Enduro-Weltmeisterschaft.

Andere Varianten des Endurosports sind jedoch im Laufe der Jahre immer populärer geworden. Damit einher ging der Abschied vom Gedanken einer »Gelände-Zuverlässigkeitsfahrt« hin zu einem Geländespektakel, bei denen am Ende der Schnellste gewinnt. Dadurch mutierte der Endurosport zum »Superenduro«, zum reinrassigen Rennsport.

Beim Superenduro kommt die Veranstaltung im Winterhalbjahr zu den Zuschauern. Ähnlich wie beim Supercross in den USA wird in einer Halle spektakulärer Sport geboten. Legendär seit vielen Jahren ist auch das Red Bull Hare Scramble auf dem Erzberg im österreichischen Örtchen Eisenerz, das sogar in voller Länge im TV übertragen wird.

Mit diesen Entwicklungen einher ging auch eine Abkehr von den Regelungen der internationalen Motorradsport-Behörde FIM (Fédération Internationale de Motocyclisme) hin zu attraktiven und publikumswirksamen Konzepten, die letztlich in einer disziplinübergreifenden Meisterschaft mündete: 2018 startete die »World Enduro Super Series« (WESS), die erstmals die Disziplinen »Hard«, »Classic«, »Beach« und »Cross Country« verbindet. Zu den Läufen gehört neben dem Red Bull Hare Scramble am Erzberg auch das Getzenrodeo in der Nähe der MZ-Stadt Zschopau im Erzgebirge, wo 2018 über 12.000 Zuschauer Manuel Lettenbichlers Sieg bejubeln konnten. Diesen Erfolg konnte er 2019 wiederholen und wurde damit souverän Gesamtsieger der WESS 2019. Mit »Letti« gehört erstmals seit vielen Jahren wieder ein Deutscher zur Enduro-Weltspitze. 2020 wurde die Serie in WESS Enduro World Championship umbenannt.

Im Jahr 1955 waren in Gottwaldov/CSSR zum ersten Mal drei KTM-Fahrer auf 125ern bei einer Internationalen Sechstagefahrt dabei, aber keiner von ihnen sah das Ziel. Am weitesten kam der junge Erwin Lechner, der am vorletzten Tag ausfiel.

▲ *Mannschaftsleiter Erwin Lechner (links) mit den Comet-Werksfahrern von 1964. Im hellen Hemd Albert »Charly« Braun aus München, 1961 der erste Deutsche Geländemeister auf KTM.*

Bei der 31. Sechstagefahrt, die ein Jahr später in Garmisch-Partenkirchen stattfand, lief es schon besser für KTM. Egon Dornauer und Kurt Statzinger gewannen auf ihren 125ern die beiden ersten Goldmedaillen für die Marke. Friedolin Muck und Helmut Schachner, zwei weitere KTM-Fahrer, erkämpften sich in der 175 cm³-Klasse Bronzemedaillen. 1957 waren im tschechischen Spindlermühle keine KTM dabei, doch KTM-Fahrer Erwin Lechner, der damals sowohl auf der Straße als auch im Gelände zu den besten Österreichern gehörte, sorgte für positive Schlagzeilen: Er wurde in jenem Jahr »Doppel-Staatsmeister«, er gewann sowohl die Meisterschaft im Straßen- und Bergrennsport als auch im »Wertungsprüfungssport«, der damals in Österreich üblichen Bezeichnung für Enduro. Diesen Erfolg konnte er 1958 wiederholen. Bei der Sechstagefahrt in Garmisch-Partenkirchen wurde er für die österreichische Silbervasenmannschaft nominiert und brachte eine Silbermedaille heim nach Mattighofen.

Nachdem dann KTM die Motorradproduktion eingestellt hatte, gab es auch keine Beteiligung mehr am Geländesport. Anfang der sechziger Jahre indes startete KTM mit speziell vorbereiteten »Comet«-Modellen wieder bei Geländeveranstaltungen, doch erst die für John Penton ab 1968 gebauten Geländemaschinen wurden als kompetente Geländemotorräder auch in Europa von einigen Privatfahrern eingesetzt. Erst mit Erscheinen des Nachfolgemodells mit Doppelrohrrahmen wurde KTM im Geländesport auch hierzulande populär.

▲ *John Penton, Leroy Winters, Tom Penton und Dave Mungenast (v.l.) starteten 1968 in San Pellegrino/Italien in der US-Silbervasenmannschaft. (Foto: Penton privat)*

Mitte der siebziger Jahre erzielte KTM die ersten Erfolge in der damaligen Gelände-Europameisterschaft, damals die höchste Meisterschaft für Einzelfahrer: 1974 wurde der Italiener Imerio Testori Europameister in der Klasse »über 350 cm³«. Dies war sowohl der erste internationale Fahrertitel für KTM als auch für einen italienischen Fahrer. Ein Jahr später wurde Alessandro Gritti 250er Europameister und beendete damit die langjährige Serie der tschechischen Jawa-Fahrer in der Viertelliter-Klasse. 1976 setzten Gritti und Andrea Andrioletti einen Schlusspunkt unter die Zündapp-Dominanz bei den 125ern und 175ern, zwei Jahre darauf entthronte Andrioletti den Tschechen Mašita, der mit seiner Jawa 350 und zehn EM-Titeln in Folge neben Erwin Schmider als der erfolgreichste Geländesportler jener Zeit galt.

Ein 5. Platz für das US-Vasenteam bei der Sechstagefahrt 1970 in El Escorial/Spanien war der erste große internationale Erfolg für eine Penton-KTM-Mannschaft. V.l.: Jeff Penton, Doug Wilford, Jack Penton, Tom Penton. (Foto: Wilford privat)

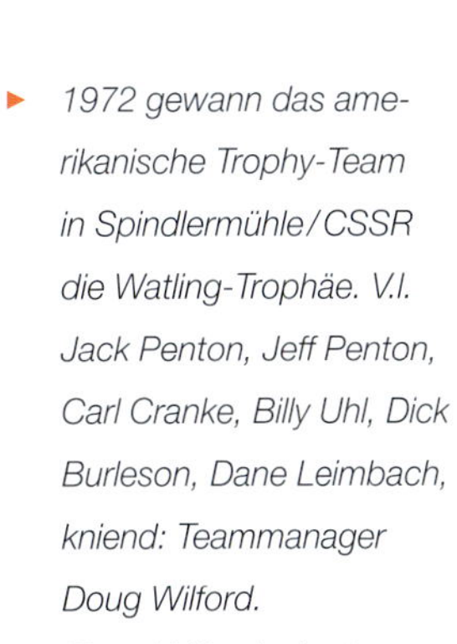

1972 gewann das amerikanische Trophy-Team in Spindlermühle/CSSR die Watling-Trophäe. V.l. Jack Penton, Jeff Penton, Carl Cranke, Billy Uhl, Dick Burleson, Dane Leimbach, kniend: Teammanager Doug Wilford. (Foto: Wilford privat)

▲ *Toni Stöcklmeier beim Abschluss-Motocross der »Sei Giorni« 1974 in Camerino. Der deutsche Importeur wurde im gleichen Jahr Deutscher Geländemeister bei den 350ern. (Foto: Leo Keller)*

Insgesamt holten KTM-Fahrer über 20 Europameisterschaften, darunter mit Harald Strößenreuther und Joachim Sauer, heute Senior Product Manager Offroad bei KTM, auch zwei Deutsche, bevor die EM 1990 zur Enduro-WM aufgewertet wurde. Mehr als 40 Mal waren KTM-Fahrer seither im Kampf um die Weltmeisterkrone erfolgreich. Damit ist KTM in der Geschichte der Enduro-Weltmeisterschaft das dominierende Fabrikat. Sauers Europameisterschaft von 1987 sollte aber der letzte internationale Titel für einen Fahrer aus der Bundesrepublik bleiben. Der Vollständigkeit halber sei erwähnt, dass Thomas Bieberbach aus der damaligen DDR 1990 mit einer 80 Kubik-Simson Enduro-Weltmeister wurde. Danach hat kein deutscher Fahrer aus Ost oder West mehr eine internationale Meisterschaft gewonnen.

▸ *»Düsen-Büse« – Heino Büse wurde 1975 bei den Six Days auf der Isle Of Man punktbester Einzelfahrer der über 300 Teilnehmer, von denen gerade einmal 167 das Ziel erreichten. (Foto: Heino Büse privat)*

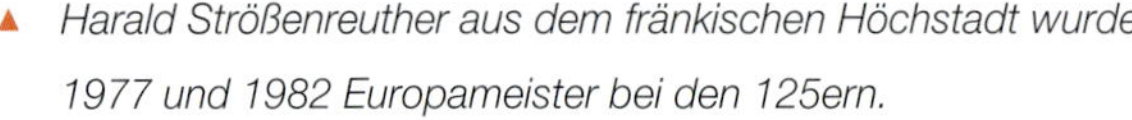

▲ *Harald Strößenreuther aus dem fränkischen Höchstadt wurde 1977 und 1982 Europameister bei den 125ern.*

▲ *Helmut Clasen, 14maliger kanadischer Offroadmeister und Mitglied in der »Canadian Motorcycle Hall of Fame«, bei der Sechstagefahrt 1989 im badischen Walldürn. (Foto: Clasen privat)*

◄ *1980 gewann die Bundesrepublik im französischen Brioude die Silbervase. Es sollte der letzte deutsche Erfolg bei einer Sechstagefahrt bleiben. V.l. Reinhard Christel (KTM), Bert von Zitzewitz (Maico), Rolf Witthöft (BMW), Arnulf Teuchert (Zündapp).*

▲ Giovanni Sala wurde in den Neunzigern fünfmal Enduro-Weltmeister für das italienische Farioli-KTM-Team. (Foto: Dario Agrati)

▲ Die »fliegenden Finnen«: Samuli Aro (l.) und Juha Salminen gewannen insgesamt elf Enduro-Weltmeistertitel für KTM. (Foto: Dario Agrati)

▶ Sonst eher den Biathlon-Freunden ein Begriff: Samuli Aro beim Enduro-WM-Lauf im schwedischen Östersund (2008). (Foto: Future7Media)

Neben den Klassen E1, E2 und E3 wurden im Laufe der Jahre weitere Weltmeisterschaftsklassen wie Junioren, Youth und Damen ausgerichtet, in denen auch KTM-Fahrer und Fahrerinnen erfolgreich waren. Um den Rahmen dieses Buches nicht zu sprengen, sei nur der WM-Titel von Maria Franke aus dem Jahr 2017 aufgeführt, der gleichzeitig der letzte Titel in der »Women's Enduro World Championship« war, denn diese Veranstaltung wird nur noch an zwei aufeinanderfolgenden Tagen im Rahmen eines regulären Enduro-WM-Laufs ausgetragen und hat keinen Weltmeisterschaftsstatus mehr.

◂ *Manuel Lettenbichler aus Kiefersfelden gehört zur Weltspitze im Hard Enduro. Hier bezwingt er »Carl's Dinner« am Erzberg. (Foto: Future7Media)*

▾ *Sehr attraktiv sind Superenduro-Veranstaltungen. Die Halle im sächsischen Riesa ist Austragungsort des deutschen WM-Laufs. (Foto: Future7Media)*

▲ *Pavel Roulev (UdSSR) 1972 auf dem Bielsteiner Waldkurs. (Foto: Leo Keller)*

MOTOCROSS

Anders als beim ursprünglichen Enduro-Sport handelt sich beim Motocross um Bestzeit-Rennsport im Gelände. Auch hier gilt seit 2004 ein neues Reglement, das das Starterfeld nicht mehr in die traditionellen Hubraumklassen 125, 250 und 500 Kubik unterteilt, sondern in die Klassen MX1, MX2 und MX3, wobei letztere zwischen 2009 und 2014 nur noch als Amateur-Weltmeisterschaft im Programm blieb und dann gar nicht mehr ausgetragen wurde. Was früher die MX1-Klasse war, heißt heute »MX GP« und erlaubt den Start von 450 cm^3-Viertaktern und 250 cm^3-Zweitaktern; in der MX2-Klasse sind Viertelliter-Viertakter und Achtelliter-Zweitakter startberechtigt.

Im Vergleich zum Endurosport ist Motocross noch eine relativ junge Sportart, die erst nach dem Zweiten Weltkrieg zunächst in Europa populär wurde, wo mit schweren Viertaktmotorrädern auf Naturpisten Rennen ausgetragen wurden. In Belgien war Motocross zeitweilig sogar eine Art Nationalsport. 1947 fand im niederländischen Wassenaar zum ersten Mal das »MX of Nations« als Teamwettbewerb für Nationalmannschaften statt, ähnlich der Int. Sechstagefahrt im Endurosport. Zwei Jahrzehnte lang ist es nur belgischen, englischen und schwedischen Teams gelungen, die Rennen zu gewinnen. Eine Motocross-WM für Einzelfahrer gibt es erst seit 1957. Heute noch legendär sind die Strecken der frühen Jahre wie Hawkstone Park in Großbritannien oder die Piste rund um die Zitadelle im belgischen Namur. Während sich Husqvarna von Anfang an mit Werksfahrern beteiligte und bis in die späten sechziger Jahre zu den erfolgreichsten Herstellern gehörte, begann das Motocross-Engagement bei KTM erst mit der Entwicklung des eigenen Sportmotors 1970. Die Erfolge der Prototypen beschränkten sich allerdings zunächst auf regionale Veranstaltungen. Einen der belgischen oder skandinavischen Spitzenfahrer zu engagieren gab der Sportetat damals nicht her. Den KTM-Sportbetreuern um Erwin Lechner war aber aufgefallen, dass es im Team der damaligen Sowjetunion einige talentierte Fahrer gab, deren Material aber nicht konkurrenzfähig war, ähnlich wie ihre CZ-Markenkollegen aus der Tschechoslowakei.

Der 250er Werksmaschine, mit der Guennadi Moiseev 1974 die erste Weltmeisterschaft für KTM gewann, ist heute in der Motohall zu sehen. (Foto: Heinz Mitterbauer)

Als beim niederländischen Weltmeisterschaftslauf 1972 in Markelo über Nacht die Motorräder des sowjetischen Teams aus dem Fahrerlager gestohlen wurden, bot KTM dem Mannschaftsleiter, dessen Fahrer plötzlich ohne Motorräder da standen, KTM-Maschinen an. Dafür soll der Mannschaftsleiter dem Vernehmen nach aus der Kommunistischen Partei der Sowjetunion ausgeschlossen worden sein, aber nachdem sich die ersten Erfolge einstellten, arrangierten sich die Sowjets mit der Situation, und als Guennadi Moisseev zwei Jahre später Weltmeister auf einer KTM wurde, beförderte man ihn sogar zum Major der Sowjetarmee.

▲ *Österreicher mit Heldenstatus – natürlich gebührt »Kini« ein Ehrenplatz in der KTM Hall of Fame. (Foto: Sebas Romero)*

► *Guennadi Moisseev aus Leningrad gewann 1974 die erste Weltmeisterschaft für KTM. Zwei weitere folgten 1977 und 1978.*

▲ *Joel Smets aus Belgien, bereits dreimaliger Weltmeister auf Husaberg, holte 2000 und 2003 auf KTM zwei weitere Titel in der Königsklasse. (Foto: Hodgkinson)*

Man sollte sich vergegenwärtigen, dass sich die Welt zu dieser Zeit mitten im »Kalten Krieg« befand und auch der Motorradsport in Ost und West geteilt war. Besonders für die Länder des damaligen Ostblocks waren internationale Erfolge gegen die westlichen Hersteller äußerst prestigeträchtig. Waren es im Endurosport überwiegend die Fahrer aus der Tschechoslowakei und der DDR, die auf ihren Jawa und MZ bei der Europameisterschaft und den Six Days erfolgreich waren, so setzte man im Motocross auf CZ aus der CSSR, mit denen der Sowjetrusse Victor Arbekov oder Paul Friedrichs aus der DDR zu WM-Ehren kamen. Dass dann 1974 ein Fahrer aus der UdSSR ausgerechnet auf einer westlichen 250er wieder eine WM gewann, gehört zu den vielen Geschichten aus dem Offroad-Sport, die nicht in Vergessenheit geraten sollten.

Moisseev konnte auch 1977 und 1978 die 250 cm^3-Weltmeisterschaft für KTM gewinnen, wobei seine ärgsten Konkurrenten ebenfalls auf KTM saßen. Da wundert es eigentlich nicht, dass die sowjetische Mannschaft 1978 im schwäbischen Gaildorf das MX of Nations gewann und mit Guennadi Moisseev, Vladimir Kavinov und Valeri Korneev gleich drei KTM-Fahrer im Team waren.

Zehn Jahre nach Moisseevs erstem WM-Titel gewann KTM die vierte Weltmeisterschaft. Bis heute hat dieser Titel für KTM einen ganz besonderen Glanz, denn er wurde von einem Österreicher auf einem österreichischen Motorrad gewonnen, dazu noch 50 Jahre, nachdem Hans Trunkenpolz sich 1934 selbständig gemacht hatte. Der neue Stern am KTM-Firmament hieß Heinz Kinigadner.

Der Mann aus dem Zillertal war bereits als 19-jähriger österreichischer Doppelstaatsmeister in der Achtel- und Viertelliterklasse geworden und gewann 1982 seinen ersten Weltmeisterschaftslauf. Das brachte ihm für die Saison 1983 einen Vertrag mit KTM ein. Bereits im zweiten Jahr zog »Kini« seinen Konkurrenten auf und davon. Ein Jahr später konnte er seinen WM-Titel verteidigen: Heinz Kinigadner ist neben Niki Lauda Österreichs populärster Motorsportler, seine Popularität ist auch über 35 Jahre nach seinem Titelgewinn ungebrochen. Neben seiner Tätigkeit als Motorsportberater bei KTM ist er sozial engagiert. Gemeinsam mit seinem Freund Dietrich Mateschitz, dem Red Bull-Gründer, rief er die Stiftung »Wings for Live« ins Leben, die medizinische Forschungen bei dem Ziel unterstützt, die Heilung von Rückenmark-Verletzungen zu ermöglichen.

▼ *Max Nagl war der deutsche Hoffnungsträger in der MX1/MX GP-Klasse. 2009 wurde er Vizeweltmeister. (Foto: M. Jahn)*

1989 gewann Trampas Parker den ersten 125 cm^3-Titel für KTM, aber es sollte noch bis 1996 dauern, bis auch in der Halbliterklasse der Knoten platzte und KTM Weltmeister in der damaligen Königsklasse wurde. Dieser erste 500 cm^3-Titel ging gleichzeitig als letzter Gewinn der Halbliter-WM auf einem Zweitakter in die Motocross-Geschichte ein. Shayne King's Erfolg sicherte KTM gleichzeitig auch die fiktive »875er Weltmeisterschaft«, jenem imaginären Weltmeistertitel, den nur erringen konnte, wer in allen drei Hubraumklassen (125 + 250 + 500 = 875) ganz oben auf dem Podest gestanden hatte. Dies war in der bis dahin 40-jährigen Geschichte der Motocross-WM erst drei Herstellern gelungen.

▲ *Ken Roczen wurde 2011 der bisher einzige deutsche Motocross-Weltmeister. (Foto: Ray Archer)*

▼ *Viele Jahre Weltspitze beim »Woman's MX« – die viermalige Weltmeisterin Steffi Laier. (Foto: Willy van Thillo)*

▲ *»Toni« Cairoli, neunmaliger Motocross-Weltmeister, davon sechs Titel auf KTM. (Foto: Ray Archer)*

Auch nach dem seit 2004 geltenden Reglement, wo Zweitakter mit einem Hubraumhandicap gegen Viertakter antreten, war KTM immer vorne dabei. Antonio »Toni« Cairoli gewann sechs MX GP-Titel auf KTM, davon fünf in ununterbrochener Folge und in der kleineren MX 2-Klasse ging der Titel seither sogar 12 Mal an einen KTM-Fahrer. Ken Roczen wurde 2011 als erster Deutscher Motocross-Weltmeister. Zwei Jahre zuvor war Max Nagl Vizeweltmeister in der Königsklasse geworden. Steffi Laier gehörte fast ein Jahrzehnt zur Weltspitze im »Women's MX« und wurde zwischen 2005 und 2013 vier Mal Weltmeisterin und zwei Mal Vizeweltmeisterin.

► *Jeffrey Herlings ist mit vier WM-Titeln aktuell einer der schnellsten Fahrer, aber häufig verletzt. (Foto: Ray Archer)*

▲ *Supercross-Sieger 2015: v.l. Marvin Musquin, Roger De Coster, selbst fünfmaliger Motocross-Weltmeister und Motorsportdirektor von KTM USA, und Ryan Dungey. (Foto: Simon Cudby)*

SUPERCROSS

Bis in die sechziger Jahre war Motocross in den USA nahezu unbekannt. Offroadsport wurde bei Cross Country-Rennen wie dem Elsinore Grand Prix und der Baja 500 oder als Flat Track auf Pferderennbahnen betrieben. Selbst der Endurosport war in den USA eine recht exotische Angelegenheit. Erst als die europäischen Hersteller gegen Ende der 1960er Jahre ihre Wettbewerbsmaschinen in die USA exportierten, wurden die publikumsfreundlichen Motocross-Rennen auch in den USA schnell populär. Es sollte zwar noch einige Jahre dauern, bis die amerikanischen Fahrer auf Augenhöhe mit den damaligen Stars wie Roger De Coster oder den skandinavischen Fahrern waren, aber der Bann war gebrochen.

Eine Premiere gab es 1971 auf dem Daytona International Speedway. Während Motocross-Rennen bisher auf Naturpisten weit außerhalb der Städte organisiert wurden, bauten die Organisatoren für das Rennen in Daytona eine künstliche Piste mit spektakulären Sprüngen und brachten damit Motocross hin zu den Zuschauern. Das erfolgreiche Konzept wurde weiterentwickelt, und schon ein Jahr darauf gab es ein Rennen im Los Angeles Coliseum, einem der größten Football-Stadien in den USA. Aus dieser Zeit stammt auch der Begriff »Supercross«, eine Kombination von »Super Bowl«, dem Finale der NFL, und Motocross. Supercross wurde schnell zu einer der populärsten Motorsportarten in den

USA. Während in Europa Motocross-Rennen nur im Sommer veranstaltet werden, gibt es in den USA gleich zwei Serien. Seit 1972 wird im Sommer die »AMA Motocross Championship« – AMA steht für die American Motorcyclist Association – ausgetragen, im Winter geht es dann in den Stadien um die »AMA Supercross Championship«, die seit 2008 sogar Weltmeisterschaftsstatus hat, obwohl die Rennen fast durchweg in Nordamerika ausgerichtet werden. Etwa 40 Fahrer qualifizieren sich in Vorläufen und einem Hoffnungslauf für die 22 Startplätze des Finallaufs.

▼ *Show und Action vor vollbesetzten Kulissen machen den Reiz von Supercross aus. (Foto: Simon Cudby)*

In den USA hatte Roger De Coster Marvin Musquin, den MX2-Weltmeister von 2010, unter seine Fittiche genommen, dazu konnte KTM den damals 22-jährigen Ryan Dungey verpflichten, der von 2015 bis 2017 gleich drei Mal in Folge den prestigeträchtigen Supercross-Titel für KTM holte, bevor er am Ende der Saison seinen Rücktritt vom aktiven Rennsport erklärte. Musquin startete zunächst auf der 250 SX-F (er gewann den Titel 2015), bevor er in die 450 SX-Klasse wechselte.

▼ *Überraschungssieger: Cooper Webb wurde AMA Supercross Champion 2019. (Foto: Simon Cudby)*

▲ *Die 620 Rally, mit der Heinz Kinigadner 1995 die Rallye Paris-Moskau-Peking gewann. (Foto: Heinz Mitterbauer)*

RALLYE

Rallies (die offizielle Bezeichnung lautet »Cross Country Rallies«) sind mit dem klassischen Endurosport verwandt. Auch hier muss die Strecke in bestimmten Zeitvorgaben bewältigt werden, dazu gibt es auf Bestzeit zu befahrende »Spezialtests«, die allerdings durchaus bis zu 800 Kilometer lang sein können. Anders als im Endurosport, wo die Fahrer den Streckenpfeilen folgen müssen, wird bei den zwischen acht und 15 Tage langen Rallies nach einem Roadbook gefahren, so dass die Fahrer auch gefordert sind, was die Navigation betrifft.

Wie in den übrigen Disziplinen gibt es seit 2003 die »Cross Country Rallies Weltmeisterschaft«. Seit Bestehen der WM gingen 13 Titel an KTM-Fahrer, darunter 2015 an Matthias Walkner. Der Österreicher hatte drei Jahre zuvor die Amateur-Weltmeisterschaft in der MX3-Klasse gewonnen.

Allerdings hat die Rallye-Weltmeisterschaft in der öffentlichen Wahrnehmung immer im Schatten der Rallye Dakar gestanden, die 1979 zum ersten Mal als »Rallye Paris Dakar« ausgerichtet wurde und von der französischen Haupt-

▲ *Das Siegerbike von 2001. Fabrizio Meoni gewann 2001 auf der 660 Rally die erste Dakar für KTM. (Foto: Heinz Mitterbauer)*

stadt aus in die senegalesische Hauptstadt führte. 2008 wurde die Rallye wegen akuten Terrorwarnungen kurzfristig abgesagt und von 2009 bis 2019 in Südamerika ausgerichtet. Seit 2020 findet die Rallye in Saudi-Arabien statt. Von der Hafenstadt Djiddah am Roten Meer führt die Route über die Arabische Halbinsel nach Al Qiddiah, wo in den nächsten Jahren ein touristisches Megaprojekt entsteht.

Wenig bekannt ist, dass der zweimalige Motocross-Weltmeister Heinz Kinigadner die treibende Kraft für das Rallye-Engagement bei KTM war. Schon früh hatte der Tiroler das Potential der Rallye erkannt. Im Winter findet hier in Europa kein Motorsport statt und die Auto- wie Motorradfans warteten sehnsüchtig auf den Saisonauftakt. Da kam die Dakar gerade recht mit täglicher Berichterstattung im TV, die schon damals neben spannendem Sport auch beeindruckende Bilder bot. Die Präsenz der Hersteller in der Berichterstattung war dazu noch eine gute Werbeplattform. In den ersten Jahren beteiligte sich KTM noch mit serien-

▲ *KTM-Sieg Nummer 2 folgte 2002, diesmal auf der Zweizylinder 950 Rally. (Foto: Heinz Mitterbauer)*

nahen Motorrädern auf Basis der LC4-Enduro. Obwohl es auch in den Anfangsjahren schon Siege für KTM bei Langstreckenveranstaltungen wie der Atlas-Rallye oder der Tunesien-Rallye gab, sollte es noch Jahre dauern, bis der erste Dakar-Sieg an KTM ging.

Damals war auch Heinz Kinigadner mit von der Partie und fuhr einige großartige Erfolge für KTM wie den Gesamtsieg bei der Rallye Paris-Moskau-Peking 1995 heraus. Sieben Mal war Kinigadner bei der »Dakar« am Start, genauso oft sah er trotz zahlreicher Etappensiege nicht das Ziel am Lac Rosé. Dafür hatte er als Fahrer und später als Sportbetreuer großen Anteil an der Entwicklung der erfolgreichen KTM Rallye-Bikes.

Der Knoten platzte erst 2001, als Fabrizio Meoni mit der »660 Rally« den ersten von 19 Dakar-Siegen für KTM holte. 2002 gewann Meoni auf der LC8 950 Rally. 2003 und 2004 musste er sich wieder Einzylindern geschlagen geben, die aber immerhin auch aus dem Hause KTM kamen.

Eine 950 Rally von 2003 ohne Verkleidung und Tanks. (Foto: G. Soldano)

Unendliche Weiten machen den Reiz der Wüstenrallies aus – Carlo De Gavardo 2006 in Mauretanien.

▲ *Marc Coma mit der 690 Rally von 2007 in Repsol-Farben. (Foto: Peyra)*

▼ *2009 erstmals in Südamerika am Start – die 690 Rally von Cyril Despres. (Foto: Future7Media)*

▼ *Wesentlich filigraner und leichter als die 690 Rally ist die seit 2011 eingesetzte 450 Rally. (Foto: Edoardo Bauer)*

Trotz des Gesamtsieges endete die 27. Auflage der Rallye für KTM tragisch: Auf der 11. Etappe kam der zweimalige Dakar-Sieger Fabrizio Meoni bei einem schweren Sturz ums Leben. Der KTM-Fahrer Cyril Despres gewann damals vor den Markenkollegen Marc Coma und Alfie Cox aus Südafrika.

Despres und Coma blieben auch diejenigen, die es zu schlagen galt, als die Dakar ab 2009 in Südamerika ausgetragen wurde. Daran konnte selbst eine kurzfristige Reglementsänderung des Veranstalters nichts ändern, wonach nur noch Motorräder mit maximal 450 Kubikzentimeter Hubraum zugelassen waren,

▼ *Fast wie 1984 – mit Matthias Walkner gewann 2018 erstmals ein Österreicher die Dakar: Sieg Nummer 17 für KTM. (Foto: PhotosDakar.com)*

nachdem die schweren Zweizylinder schon vor Jahren aus Sicherheitserwägungen verboten wurden. Nach seinem insgesamt fünften Dakar-Sieg 2013 wechselte Despres in das Cockpit eines Autos; Marc Coma beendete nach seinem fünften Sieg 2015 seine Karriere und wechselte als Sportdirektor ins Lager der Rallye-Organisation. Mit Sam Sunderland, Matthias Walkner, der 2018 als erster Österreicher die Dakar gewann, und Toby Price blieb KTM aber zunächst auch weiterhin ungeschlagen. Erst 2020 riss die Serie, es langte für Price aber immerhin noch für einen Podestplatz.

▼ *Dakar 2019 – der 18. KTM-Sieg in Folge, dazu ein orangefarbenes Podium für Toby Price, Matthias Walkner und Sam Sunderland. (Foto: Marcin-Kin)*

▲ *Apfelbeck-KTM in der letzten Ausführung. Die Maschine aus der Sammlung Farioli ist heute in der KTM-Motohall ausgestellt. (Foto: Heinz Mitterbauer)*

STRASSENRENNSPORT

Eine sehr lange Tradition hat auch der Straßenrennsport. Legendär ist noch heute der Tourist Trophy-Sieg von Schorsch Meier auf der Insel Man aus dem Jahr 1939. Auf einer Kompressor-BMW hatte der »Gusseiserne«, wie Meier genannt wurde, damals die Senior TT gewonnen.

Schon früh hatte sich KTM so wie alle Hersteller, die etwas auf sich hielten, im publikumsträchtigen Straßenrennsport engagiert, zunächst allerdings nur mit der »R 125 Tourist« in der Serienmaschinenklasse bei regionalen Rennen in Oberösterreich. Nach den ersten Erfolgen wurden aus Italien zwei MV-Agusta-Production Racer beschafft, die ab 1955 unter anderem von Erich Trunkenpolz, dem späteren KTM-Chef, pilotiert wurden. Der renommierte Konstrukteur Ludwig Apfelbeck, der 1956 zu KTM wechselte, sollte dort einen neuen 125er Rennmotor bauen, der 1957 bei allen Weltmeisterschaftsläufen eingesetzt werden sollte.

Erwin Lechner, damals einer der KTM-Werksfahrer, beschrieb 2001 in seinen Erinnerungen, dass die MV-Rennmaschinen zunächst nur mit einer Earles-Vordergabel und kleineren Änderungen eingesetzt wurden. Im Winter 1956/1957 entstand an Apfelbecks Zeichenbrett der neue 125 cm³ KTM-Rennmotor. Charakteristisches Merkmal war der Zylinderkopf mit zwei Nockenwellen, die durch eine Kette angetrieben wurden. Geschaltet wurde über ein Sechsgang-Getriebe, nur das Motorgehäuse und das Fahrgestell erinnerten noch an die früheren KTM-MV-Rennmaschinen. Wenn der Kurzhuber auch nur etwa 17 PS bei 12.000/min leistete, so war die vollverkleidete »Apfelbeck-KTM« je nach Übersetzung immerhin 180 km/h schnell. Mit Aufziehen der Motorradkrise wurde die kostenträchtige Weiterentwicklung der Rennmaschine, die im Grunde genommen keinen Bezug zu den damaligen Serienmaschinen von KTM hatte, eingestellt und Apfelbeck verließ KTM nach gerade einmal einem Jahr wieder in Richtung Deutschland.

Auf der Apfelbeck-KTM holte Lechner zwischen 1957 und 1960 noch die österreichische Straßen-Staatsmeister bei den 125ern, auch wenn er dies in den letzten Jahren dann auf privater Basis tat.

MOTORRAD-GRAND PRIX

Der kostenintensive Straßenrennsport war für KTM über viele Jahre hinweg kein Thema mehr. Aber als deutlich wurde, dass KTM sich mit dem LC8-Motor zukünftig auch im Straßensegment positionieren wollte, musste die damalige Entscheidung neu bewertet werden. Für einen Hersteller sportlicher Straßenmaschinen gehört ein Rennsport-Engagement einfach dazu. Im Jubiläumsjahr 2003, fünfzig Jahre nach Beginn der Motorradproduktion, stieg KTM mit der »125 FRR« wieder in den Straßenrennsport ein, und zwar gleich in den Grand Prix, der Rennsport-Oberliga.

Als Teamchef konnte der 13-fache österreichische Staatsmeister und Tuner Harald Bartol gewonnen werden, der den Einsatz der 55 PS starken Zweitakt-125er von Italien aus plante, während die Weiterentwicklung in Mattighofen erfolgte. Gleich im Premierenjahr konnte der Finne Mika Kallio beim GP von Malaysia das erste Podium für KTM erringen. Einen großen Schritt nach vorne gab es 2004, als der 18-jährige Australier Casey Stoner an gleicher Stelle den ersten Grand Prix-Sieg für KTM holte.

▸ *Mika Kallio auf der 125 FRR in Sepang/Malaysia (2003).*

▲ *Casey Stoner siegte 2004 in Sepang/Malaysia. (Foto: O. Bergamaschi)*

▲ *Schon damals an Fahrstil und der Startnummer 93 zu erkennen: Auch Marc Márquez war einmal KTM-Werksfahrer.*

2005 errang KTM die Konstrukteurs-WM in der Achtelliterklasse, stieg bei den 250ern ein und belieferte Kenny Roberts Proton-Team in der MotoGP mit Motoren. Der fast 240 PS starke und 990 Kubikzentimeter große V4-Motor von KTM holte aber keine WM-Punkte. In diesem Jahr wurde Mika Kallio Vizeweltmeister bei den 125ern, diesen Erfolg wiederholte er auch 2006.

Weil die FIM bekannt gab, Zweitaktmaschinen aus dem Grand Prix-Sport zu verbannen, beendete KTM nach 22 GP-Siegen 2009 sein werksseitiges Engagement, betrieb aber mit dem Red Bull Rookies Cup Nachwuchsförderung auf höchstem Niveau.

▲ Die von 2005 bis 2009 eingesetzte 250 FRR holte neun Grand Prix-Siege. (Foto: G. Soldano)

▲ »Powered by KTM«: Kenny Robert's Proton-Projekt konnte die Leistung des KTM-Triebwerks nicht in WM-Punkte umsetzen. Am Ende der Saison 2005 stieg KTM aus. (Foto: O. Bergamaschi)

▸ V4, 990 cm^3 und etwa 240 PS: das MotoGP-Triebwerk von 2005. (Foto: Heinz Mitterbauer)

MOTO3

Als 2012 mit der Moto3 eine neue Klasse an den Start ging, konnte KTM mit der RC 250 GP ein neues Viertaktbike präsentieren, das aus dem Stand konkurrenzfähig war und unter Sandro Cortese und Maverick Vignales gleich die ersten beiden Titel in der neuen Klasse nach Mattighofen holte. 2014 reichte es »nur« zur Konstrukteurs-WM, dafür wurde Brand Binder aus Südafrika 2016 wieder Moto3-Weltmeister und auch die Marken-WM ging wieder an KTM. Für interessierte Kundenteams wird die RC 250 R angeboten, die sich von der Basis her kaum von der Werksmaschine unterscheidet.

▲ *Sandro Cortese aus dem oberschwäbischen Berkheim in Silverstone. (Foto: Gold & Goose)*

▲ *Der 250 cm³-Viertakt-Motor unterscheidet sich grundlegend von den 250 cm³-Viertaktern, die KTM für den Offroad-Einsatz baut. (Foto: Buenos Dias)*

▼ *Maverick Viñales in Phillip Island/Australien. (Foto: Gold & Goose)*

Brad Binder verkörpert die KTM-Strategie, junge Fahrer bei der Marke zu halten. Nach der Moto3-Weltmeisterschaft 2016 und Erfolgen in der Moto2 rückte er 2020 ins MotoGP-Werksteam auf. (Foto: G. Soldano)

Die RC 250 R für Kundenteams unterscheidet sich nur unwesentlich von den Werksmaschinen. (Foto: Heinz Mitterbauer)

▲ *Platz 1 und 2 für Brad Binder und Jorge Martin beim drittletzten Rennen vor dem Moto2-Ausstieg auf Philip Island/Australien. (Foto: Gold & Goose)*

MOTO2

Viele der heutigen MotoGP-Stars hatten ihre ersten Erfolge auf den 125er KTM-Zweitaktern, mussten aber zwangsläufig beim Wechsel der Klasse auch den Hersteller wechseln. »KTM möchte die Fahrer in der Familie halten«, so Pit Beirer zur Strategie, ab 2017 in die Moto2-Klasse einzusteigen. Mit der Moto2 wollte KTM jungen Fahrern eine Plattform bieten, auch in den kleinen Klassen mit KTM zu arbeiten. In der mittleren Grand Prix-Klasse sind Einheitsmotoren vorgeschrieben, zunächst mit 600 cm^3 Vierzylinder, seit 2019 mit 765 cm^3-Dreizylindermotoren von Triumph, die gut 140 PS leisten. Die KTM-Stars in der Moto2 waren Miguel Oliveira, der Vizeweltmeister von 2018 und Brad Binder, der Moto3-Weltmeister von 2016. Beide starten 2020 in der MotoGP, Binder für das KTM-Werksteam und Oliveira für das Tech 3-Satellitenteam.

Im Sommer 2019 gab KTM bekannt, sich 2020 aus der Moto2-Klasse zurückzuziehen. In dieser Klasse traf KTM auf reine Fahrwerkshersteller wie Suter oder Kalex, während die Österreicher, selbst der größte europäische Motorradhersteller, mit dem Triebwerk eines Konkurrenzfabrikats antreten mussten. Außer KTM blieben andere Motorradhersteller der Moto2-Weltmeisterschaft bisher fern.

MOTOGP

Im Frühjahr 2014, kurz nach dem Gewinn der ersten beiden Moto3-Weltmeisterschaften durch Sandro Cortese und Maverick Viñales, kündigte KTM den Wiedereinstieg in die MotoGP an, diesmal jedoch nicht nur als Motorenlieferant, sondern mit einem eigenen Team.

Stefan Pierer hatte die Richtung vorgegeben: KTM hat so ziemlich alles erreicht – nur keine Erfolge in der MotoGP. Und wenn man antrat, dann wollte man auch gewinnen und irgendwann auch MotoGP-Weltmeister werden.

Nur 15 Monate später folgte auf dem Red Bull-Ring in der Steiermark das Roll Out des »KTM RC16« genannten MotoGP-Renners. Eine Mega-Aufgabe für Motorsport-Chef Pit Beirer, denn er hatte wie in einem Puzzle ein Team zusammenstellen und die Leute davon überzeugen müssen, zu KTM zu kommen, bevor das Projekt überhaupt erst starten konnte. Der Funktionstest für das vollständig in Eigenregie entwickelte Bike verlief absolut problemlos, die Basis passte also. Im Jahr 2016 war dann Weiterentwicklung angesagt, um zusammen mit den beiden Testfahrern Alex Hofmann und Mika Kallio, 2008 WM-Dritter auf einer 250er Zweitakt-KTM, den Anschluss zur Spitze herzustellen, bevor es in der Saison 2017 mit den beiden Werksfahrern Pol Espagaro und Bradley Smith ernst werden sollte.

▼ *Die ersten Studio-Fotos von der MotoGP-KTM des Jahres 2016. (Foto: Studio MAC)*

Vor großer Kulisse präsentierte sich das Red Bull Factory KTM-Team erstmals im Sommer 2016 beim Heim-Grand Prix auf dem Red Bull-Ring der Öffentlichkeit. Vor heimischem Publikum aufzutreten war sicher ein ganz spezieller Moment für alle Beteiligten, wenn es auch nur eine Demonstration der Maschinen und noch kein Rennen war. Das nächste große Ziel war der Grand Prix in Valencia, wo Mika Kallio als Wild Card-Fahrer die RC 16 unter Ernstbedingungen im Wettbewerb testen sollte, gerade einmal ein Jahr nach dem Roll Out. Das erste Rennen musste KTM allerdings als Ausfall abhaken – wegen eines defekten Sensors hatte Kallio seine Maschine abstellen müssen.

▼ *Mika Kallio und Alex Hofmann drehten vor heimischer Kulisse einige Demo-Runden. (Foto: Philip Platzer)*

▲ *Tech3-Fahrer Miguel Oliveira auf dem Sachsenring. (Foto: T. Boerner)*

Die folgenden Testfahrten zeigten eine ganz klare Entwicklung der Trainingszeiten zu den Schnellsten hin. Dieser Trend setzte sich auch in den Rennen der Saison 2017 fort. Die ersten WM-Punkte, beide Werksfahrer in den Punkten, das erste Top Ten-Resultat – im Oktober standen beide KTM beim australischen Grand Prix in Philip Island erstmals in der zweiten und dritten Startreihe, beide Fahrer beendeten das Rennen unter den TOP 10. KTM hatte seine Hausaufgaben gemacht und war schon in der ersten Saison zu einer festen Größe in der Königsklasse geworden.

In der Saison 2019 ging mit Red Bull KTM Tech3 ein zweites Team auf RC16-Rennern an den Start. Ähnlich wie Toro Rosso in der Formel 1 waren die Tech 3-KTM zur Unterscheidung von den Factory-Maschinen in Blau und Silber lackiert. Der Wunsch von KTM-Chef Stefan Pierer, aufs Podium zu wollen, ist sicher keine Vision mehr, sondern mittlerweile recht realistisch und nur noch eine Frage der Zeit.

▲ *Der bisher erfolgreichste RC16-Fahrer Pol Espagaro fährt regelmäßig in die Punkteränge (Sachsenring 2019). (Foto: T. Boerner)*

SUPERBIKE

Nach dem Ausstieg von KTM aus dem Motorrad-GP Ende 2009 konzentrierte sich die Sportabteilung auf den Einsatz der RC8 in der Internationalen Deutschen Motorrad-Meisterschaft IDM. Die Saison 2010 beendeten der Österreicher Martin Bauer und der Rheinländer Stefan Nebel auf den Plätzen drei und vier, was für KTM zum Gewinn der Markenmeisterschaft reichte. 2011 starteten in der IDM mit Motorex-KTM und Inghart-KTM zwei werksunterstützte Teams. Auf einer RC 1190 R holte dann Martin Bauer die Internationale Deutsche Superbike-Meisterschaft. Weil KTM aber alle Kräfte auf den Einstieg in die MotoGP konzentrieren wollte, unterblieb eine Weiterentwicklung der RC 1190 R, zumal der Superbike-Sport lange nicht so populär war wie die MotoGP. Seit 2017 gibt es die Supersport 300-Weltmeisterschaft für seriennahe Motorräder wie die KTM RC 390. Die Rennen finden im Rahmen der europäischen Superbike-WM-Läufe statt.

▼ *Martin Bauer wurde 2011 Int. Deutscher Superbike-Meister.*

▲ *2005 wurde Stefan Bradl Deutscher Meister. Links Helmut Bradl, der stolze Papa, selbst 1991 Vizeweltmeister bei den 250ern. (Foto: Buenos Dias)*

DIE NACHWUCHSKLASSEN

Nachwuchsarbeit hat bei KTM seit dem Einstieg in den Straßenrennsport immer große Priorität genossen. Schon 2004 beteiligte sich KTM mit den Red Bull KTM Juniors drei Jahre lang in der 125er-IDM und konnte in dieser Zeit mit Michael Ranseder aus Österreich, Stefan Bradl und Robin Lässer jeweils die Meisterschaft gewinnen.

Nach dem IDM-Rückzug verlegte sich KTM auf den »Red Bull MotoGP Rookies Cup«. Der wurde 2007 ins Leben gerufen, um junge Talente zwischen 13 und 17 Jahren auf ihrem Weg in die Motorrad-WM zu fördern. In den Anfangsjahren wurde der 125 cm³-Zweitakt-Renner eingesetzt, so wie ihn auch die Werksfahrer an den Start brachten. 2013 wurde der Achtelliter-Zweitakter von der etwa 50 PS starken »RC 250 R« abgelöst, die KTM für Moto3-Kundenteams baute. Die Rennen wurden im Rahmen der europäischen Weltmeisterschaftsläufe ausgetragen. Am Rookies Cup wird die Strategie von KTM besonders deutlich, talentierte Fahrer bereits früh an die Marke zu binden. Das beste Beispiel dafür ist Brad Binder, 2010 und 2011 beim Rookies Cup jeweils unter den Top Ten: 2016 wurde er Moto3-Weltmeister im Red Bull KTM-Team von Aki Ajo, danach wechselte er auf die Moto2 des Ajo-Teams. Schon seine zweite Moto2-Saison beendete er als WM-Dritter, bevor er 2020 als Vizeweltmeister ins Red Bull KTM Factory Team wechselte. Neben Binder haben es fünf weitere Fahrer aus dem Red Bull Rookies Cup im Laufe ihrer Karriere zu Weltmeisterehren gebracht.

▼ *Die Rookies 2019 auf dem Sachsenring. (Foto: Gold & Goose)*

▲ *Der ADAC Junior Cup startete auf seriennahen RC 390 Cup. (Foto: Buenos Dias)*

▲ *Die KTM RC4 R bildet das neue Einsteigermotorrad für den Rennsport.*

Nach 26 Jahren nicht mehr ausgetragen wird der ADAC Junior Cup. Ihn hat es seit 1993 gegeben, nach 2014 starteten die jungen Rennfahrer ausschließlich auf KTM RC 390 in der seriennahen Cup-Version, woraufhin die Serie umbenannt wurde zu »ADAC Junior Cup powered by KTM«.

Als Spielweise für den Nachwuchs fungiert inzwischen der »Northern Talent Cup«.

Der Cup soll ab 2020 jungen Fahrern zwischen 12 und 17 Jahren aus Nord- und Mitteleuropa die Möglichkeit bieten, auf ähnlichem Leistungsniveau gegeneinander anzutreten, so dass der Cup einen internationalen Charakter erhält. Mindestens einer der Spitzenfahrer wird im folgenden Jahr beim »Red Bull MotoGP Rookies Cup« mitfahren, zwei weitere an dessen Auswahlveranstaltung teilnehmen. Dahinter steht die Dorna, Rechteinhaberin der MotoGP, und die forderte ein einfaches Einsteigermotorrad, um Technik, Handling und Kosten im Rahmen zu halten. Dieses Einheitsmotorrad baut KTM. Die RC4 R, eine 250er, hat einen Einzylinder-Vierventilmotor mit Fünfgang-Getriebe, E-Starter und wiegt etwa 92 Kilogramm. Die Rennen finden im Rahmen von MotoGP-, Superbike-WM oder nationalen Rennen wie der IDM statt, als Strecken sind für die erste Saison unter anderem Assen in den Niederlanden, der Sachsenring, Brünn in Tschechien und der Red Bull-Ring in Österreich vorgesehen.

TEIL 4: DIE ZUKUNFT HAT GERADE ERST BEGONNEN

KTM HEUTE

Stefan Pierer hat den Pleitekandidaten KTM innerhalb von 25 Jahren zu einer Weltmarke gemacht. Ihm wird bekanntlich nachgesagt, dass er nicht viel vom Motto der olympischen Spiele hält, wobei dabei sein alles sei: Stefan Pierer will nicht nur dabei sein, sondern aufs Siegertreppchen, am besten nach ganz oben. Und das nicht nur auf der Rennstrecke. Nachdem er BMW in Sachen Stückzahlen schon 2012 auf Platz 2 verwiesen hatte, will er KTM nun an die Weltspitze führen und strebt für das Jahr 2022 eine Steigerung auf 400.000 Einheiten an. Damit hat er Suzuki, die aktuelle Nummer 3 hinter Honda und Yamaha im Visier. Das klingt ehrgeizig und ambitioniert, doch für eine gewisse Bodenhaftung sorgt seit 2019 das Werksmuseum.

▲ *Die Fassade der KTM Motohall erinnert an ein Rad mit Nabe, Speichen und Stollenreifen. (Foto: Leo Keller)*

DIE KTM MOTOHALL

Um den größten europäischen Motorradhersteller in der Öffentlichkeit angemessen zu präsentieren, öffnete nach vierjähriger Planung im Frühjahr 2019 die KTM Motohall ihre Pforten. Das neue Museum liegt nur ein paar hundert Meter entfernt von der Stelle, an der Hans Trunkenpolz 1953 die ersten Motorräder gebaut hatte und wurde schon im ersten Jahr zur Pilgerstätte der »Orange Bleeders«, wie KTM seine Fans nennt.

Die Motohall ist aber mehr als eine neue Attraktion im oberösterreichischen Innviertel: Das vom renommierten Atelier Brückner entworfene Ausstellungskonzept bietet wesentlich mehr als eine geschmackvoll arrangierte Aneinanderreihung von Motorradpreziosen aus allen Jahrzehnten: Es vermittelt Technik und Geschichte ebenso wie es eine Schauwerkstatt beherbergt und im »Innovation Lab« die verschiedenen Design- und Produktionsprozesse hautnah und auf höchst unterhaltsame Weise miterleben lässt.

▲ *Wie auf einer Rennpiste präsentieren sich die wichtigsten KTM-Modelle von 1953 bis heute. (Foto: annalarissa)*

◄ *Dank und Ansporn zugleich – Bürgermeister Friedrich Schwarzenhofer überreicht CEO Stefan Pierer das Straßenschild mit Symbolwirkung: KTM-Platz 1.*

◄ 2009 experimentierte Wolfgang Felber schon mit einem Elektroantrieb im Fahrgestell des Superbikes RC8.

▼ Der E-Speed-Roller wurde 2013 vorgestellt und ist heute in der Motohall zu besichtigen. (Foto: Rudi Schedl)

ELEKTRO-PIONIER

Im Sommer 2019 gehörten zur KTM Industries AG neben der Kernmarke KTM auch Husqvarna Motorcycles, die KTM Components GmbH (WP) sowie seit 2017 im Rahmen eines Joint-Venture die Pexco GmbH, Hersteller u.a. der E-Bike-Marke Husqvarna Bicycles. Unter dem Label KTM dürfen Fahrräder nicht verkauft werden, weil die Namensrechte für den Fahrradbereich seit dem Konkurs im Jahre 1991 bei der eigenständigen KTM Fahrrad GmbH liegen, die nach wie vor am alten Firmensitz in der Mattighofener Harlochnerstraße 13 produziert. Nicht zuletzt vor dem Hintergrund der Entwicklungen auf dem Sektor Elektromobilität erfolgte dann die Umbenennung der KTM-Gruppe Ende 2019 in »Pierer Mobility AG«.

Seit der »Freeride E« gilt KTM als einer der Pioniere auf dem Bereich der Motorräder mit Elektroantrieb, aber anders als diese blieb der 2013 auf der Motorradmesse in Tokio gezeigte »E-Speed«-Roller bisher nur ein Showbike ohne späteren Serienbezug. Es gab sogar ein Versuchsexemplar des Superbikes RC8 mit Elektromotor. Aber daran wurde damals schon die Problematik des E-Antriebes für Motorrädern wie hohes Gewicht und geringe Reichweite deutlich, ohne hier auf andere Aspekte wie Sicherheit, Rohstoffbeschaffung oder Entsorgung eingehen zu wollen.

Wie die elektrobetriebene Zukunft in Mattighofen aussehen könnte, deutete KTM-Chef Stefan Pierer an, als er in einem Interview Mopeds, Roller oder auch kleine Motorräder mit einer Reichweite von 80 Kilometern für den städtischen Verkehr für sinnvoll hielt. Mittlerweile haben KTM und Bajaj beschlossen, Elektrofahrzeuge im Leistungsbereich zwischen 3 und 10 kW (48 Volt) zu entwickeln, die in verschiedenen Varianten wie Roller, Moped oder Mofa ab 2022 von Bajaj in Pune / Indien gebaut werden.

▼ *Studie eines elektrobetriebenen Straßenmotorrades, gezeigt 2010 in Tokio. Auffällig ist die fahrradähnliche Vorderradgabel.*

MIT PARTNERN AN DIE WELTSPITZE

Die Zeiten, wo nur im oberösterreichischen Mattighofen produziert wurde, sind schon lange vorbei: KTM ist längst schon ein international agierender Motorradproduzent, der im Verlauf seiner doch recht jungen Geschichte durch kluge Aquisitionen und strategische Partnerschaften breit aufgestellt ist.

Die älteste dieser internationalen Zusammenarbeiten rührt aus dem Jahre 2008, Partner ist die indische Bajaj Group. Bajaj Auto wurde am 29. November 1945 als Handelshaus für den Verkauf von importierten Zwei- und Dreirädern in Indien gegründet. 1959 erhielt das Unternehmen von der indischen Regierung die Genehmigung, nun selbst solche Fahrzeuge bauen zu dürfen und konnte bei Piaggio die Lizenz zur Herstellung der Vespa 150 für den indischen Markt erwerben. Der war riesig, die Absatzzahlen explodierten, zehn Jahre später hatte Bajaj bereits das 100.000ste Fahrzeug verkauft – sieben Jahre später schafften die Inder das in einem Jahr; 1995 brachten sie ihr zehnmillionstes Fahrzeug auf den Markt. Motorräder baut das Unternehmen seit 1986, begonnen hat es mit der Produktion von kleinen Brot-und-Butter-Vehikeln mit in Lizenz gebauten japanischen Motoren. Mittlerweile ist Bajaj Auto Indiens größter Exporteur von Motorrädern (die unter verschiedenen Labels vertrieben werden) und Dreirädern. 35% des Gesamtumsatzes entfallen auf den Export, 47% der Exporte gehen nach Afrika.

▸ *Gerald Kiska hat als Weggefährte von Stefan Pierer von Anfang an jeder KTM ihr Gesicht gegeben.*

▴ *Stefan Pierer formte aus der Konkursmasse einen weltweit erfolgreichen Motorradhersteller. (Foto: Sebas Romero)*

In Indien hat Bajaj einen Marktanteil von reichlich 30 %. Der Einstieg bei KTM war der erste Schritt der Inder hin zu größeren Hubraum- und Leistungsklassen; 2017 wurde bekannt, dass die Inder und die britische Triumph Motorcycles Ltd. gemeinsam Mittelklasse-Motorräder bauen wollten. Am 26. November 2019 investierte Bajaj schließlich acht Millionen Dollar in das Fahrrad- und Elektrorollerverleih-Startup Yulu. Im Rahmen dieses Geschäfts will Bajaj auch maßgeschneiderte Elektroroller für Yulu herstellen; diese Elektro-Kompetenz ist nicht zuletzt durch die Vernetzung mit KTM auch vorhanden.

2014 folgte ein Joint Venture von KTM mit CFMoto aus China. Seit dieser Zeit werden in Hangzhou Motorräder mit 200 und 390 Kubik endmontiert, deren Teile Bajaj in Indien zuliefert. Bei CFMoto entstehen alsbald alle 790er Modelle für den Weltmarkt. Weitere Produktionsstandorte gibt es mittlerweile in Argentinien, Brasilien, Kolumbien, Malaysia und den Philippinen.

Im Herbst 2019 folgte ein Joint Venture mit Gas Gas, dem spanischen Hersteller von Enduro- und Trial-Motorrädern. Gas Gas, so die Planung, soll als dritte Motorradmarke neben KTM und Husqvarna in das Vertriebsnetz eingebunden werden. Da passt es sicher gut ins Konzept, dass Gas Gas-Eigner Torrot Hersteller kleiner elektrobetriebener Zweiradfahrzeuge wie dem

Muvi City-Roller ist, der mit zwei entnehmbaren Batterien eine Reichweite von etwa 80 Kilometern hat, so wie KTM-Chef Stefan Pierer seine Vorstellung eines zukunftsfähigen Elektrofahrzeuges für den städtischen Einsatz vor einiger Zeit skizziert hatte.

Die Entwicklung von KTM seit dem Konkurs im Frühjahr 1992 bis heute kennt nur eine Richtung: Sie weist steil nach oben. Vor diesem Hintergrund erscheint es alles andere als ausgeschlossen, dass Stefan Pierers Vision, KTM in die Weltspitze zu führen, tatsächlich Realität wird.

▼ *Das KTM-Hauptgebäude in der Stallhofnerstraße 3 in Mattighofen. (Foto: Heiko Mandl)*

► *Im hochmodernen Entwicklungszentrum sind die Konstruktionsbüros angesiedelt. (Foto: Heiko Mandl)*

DANKSAGUNG

Für die Unterstützung mit Rat und Tat bedanke ich mich bei

EGON DORNAUER

INGRID ERLINGER

THOMAS KUTTRUF

ERNST KRONREIF II

WILFRIED MEINE

JASMINA OSMANOVIC

ALFRED STEINWIDDER

DOROTHY WILFORD

NICOLE REIDINGER

JOACHIM SAUER

▼ *Symbolisch für KTM – immer vorne dabei (Foto: Ray Archer)*

QUELLENVERZEICHNIS

FRIEDRICH F. EHN, KTM – WELTMEISTERMARKE AUS ÖSTERREICH
Weishaupt-Verlag

LEO KELLER TYPENKOMPASS KTM
Motorbuch-Verlag

KTM-BLOG
www.blog.ktm.com

HORST VON SAURMA, THOMAS KUTTRUF, KTM – READY TO RACE
Hrsgb. KTM AG

ED YOUNGBLOOD, JOHN PENTON AND THE OFF-ROAD MOTORCYCLE REVOLUTION
Whitehorse Press, USA